影響世界的重要科學家

謝怡慧◎著

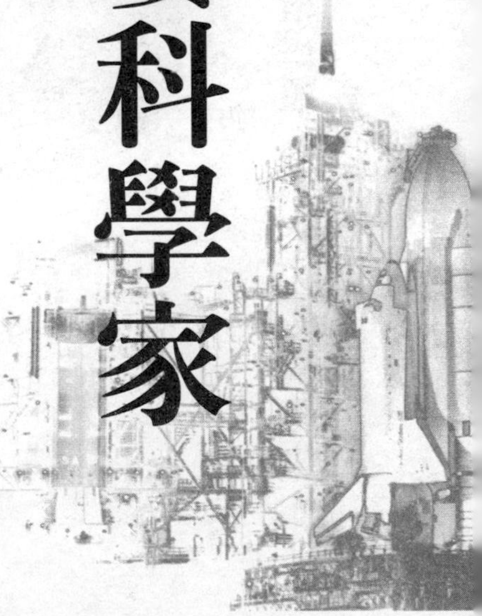

好讀出版

目次

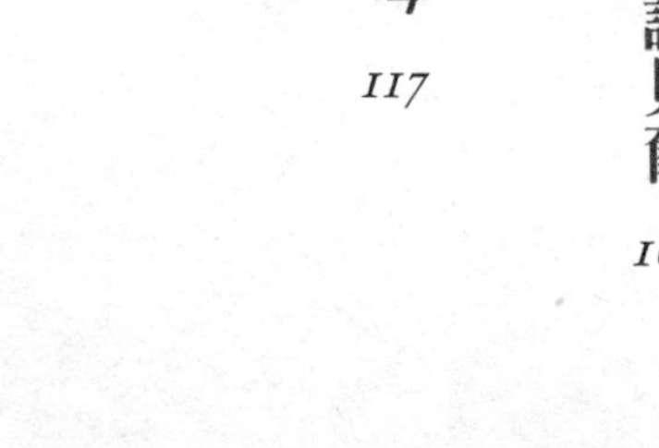

序

科學家也是人，只是他們在科學的領域上除了有天賦才華，更有不屈不撓的努力。

完成四十位科學名人的資料蒐集後，可以發現共通的一點就是他們「嚴謹地對待科學」，而且讓人感動的是這份嚴謹的態度也延伸表現在他們的人生裡，在他們的生命中不斷創造高峰，放出光彩，也獲得數不盡的榮譽。

書中收錄科學家們的生平、趣事與關鍵事件，在短短的篇幅中將他們輝煌的一生介紹給讀者，讓讀者們更認識這些看起來很遙遠卻又常常掛在嘴邊的大人物。

歷史是一連串事件的結合，而每一位科學家的出現至殞落，他的影響不見得是當時當代，更多的是在人們回頭一看時，才赫然發現他的卓越偉大。

書中的四十位科學名人有些是命運中的幸運兒，有些是一輩子寂寞的研究者，但絕對都是科學界中的翹楚，你想認識他們嗎？

好比，你知道牛頓是個不好相處的人嗎？

你知道「幻鏡」是什麼嗎？在伽利略的手中，「幻鏡」搖身一變，變成遙望天文星辰的望遠鏡；在列文虎克手中，卻變成窺探微觀世界的顯微鏡；到底他們看到什麼呢？

我們可以很方便地飲用優酪乳、法國香醇的紅酒、甚至施打狂犬病的疫苗，你知道是哪位科學家的貢獻嗎？

電話、電燈、留聲機、助聽器，這些種種用品又是誰發明的？誰改良的呢？

誰是第一個得到諾貝爾獎物理學獎的科學家？又憑什麼得到的呢？

中國的居禮夫人又是誰呢？

愛因斯坦小時候也是天才兒童嗎？

DNA長的是什麼形狀？科學家是怎麼發現的呢？

相信你也曾經懷疑過這些問題，本書收錄四十位科學家的短篇小傳，希望可以幫助你認識這些改變世界的科學名人！當然，還有太多的遺珠之憾未能收錄，希望將來還有機會可以爲讀者介紹。

哥白尼

顛覆天地的思想革命者

（Nicolaus Copernicus，一四七三～一五四三）

富有人性的神父醫師

「神父，請救救我的孩子！只有您肯醫治他了。等我們有錢了，一定會還給您的！求求您！救救他！」穿著簡陋的教區人家抱著高燒病危的孩子來診治。

「別急，他沒事的，等燒退了就好。醫藥費就別擔心了，不過，怎麼拖這麼久呢？有問題要早點帶來，不要讓小病拖成大病。」神父一邊診察孩子的病情一邊說著。

「太感激您了！神父，感謝您的恩惠！」抱著孩子的家屬感激地說。

這位神父醫師正是哥白尼，哥白尼曾在帕度瓦大學學習醫學，教區的窮人生病，請他醫治時，他都盡心盡力幫忙。

平時，哥白尼是天主教教會的神職人士、也是一位醫生；不過在眾多角色中，他最鍾愛的還是天文學研究。

生平小記

西元一四七三年，哥白尼生於波蘭，哥白尼的父母出身大戶人家，父親尼古拉·哥白尼先生是一位法官，也是一位成功的商人，哥白尼是家裡四個孩子中年紀最小的。

一四八三年，十歲時，父母親相繼因病去世，四個孩子便由舅舅魯卡斯（Lucas Watzenrode）所收養，魯卡斯後來受任爲紅衣大主教。哥白尼終身以教會工作做爲職業，也是受到了舅舅的影響。

一四九一年，哥白尼進入科瑞克（Cracow）大學，接觸科學。魯卡斯爲哥白尼在佛洛堡（Frauenburg）教會中謀得一終身職。而後他於一四九六年進入波隆納大學（University of Bologna）學法律。

一五〇一年，哥白尼回到波蘭，轉到帕度瓦大學（University of Padua）學醫；一五〇三年轉往費拉拉大學（University of Ferrara）取得教規法（canon law）博士。

一五〇四年至一五一〇年擔任舅舅的秘書與私人醫生，直到一五一〇年才回到佛洛堡履行神職直到去世。

思想啓蒙

十八歲時，哥白尼到波蘭的一流教會大學科瑞克大學研讀科學。在這裡，哥白尼認識了兩個傑出人物，一是著名詩人——卡里馬赫；另一個是數學和天文學的教授沃伊謝赫。他們學養豐富、眼界開闊，都是新思想的人文主義者，哥白尼在這些老師的薰陶之下，學習科學、文學、哲學等；學會以懷疑主義的實證精神去探索未知的學問。

一四九六年，舅舅運用身為主教的影響力，為哥白尼謀得一終身職，並為他申請到一筆助學金繼續深造，於是，一四九六年，哥白尼轉入義大利的波隆納大學就讀，當時義大利是文藝復興的中心，是全歐最著名的學術研究中心。

而哥白尼在義大利留學期間正逢文藝復興最興盛時期，在新舊思想如雨後春筍不斷被提出質疑的環境中，他讀到了西元前三百年時天文學家阿里斯塔克斯（Aristarchus）的著作，阿里斯塔克斯出生於希臘愛琴海中的薩摩斯島（Samos），他的書寫著：「不是太陽繞地球運行，而是地球繞太陽運行。」這觀點讓哥白尼耳目一新。

近兩千年的錯誤傳承

西元前三百多年，亞里斯多德提出許多科學觀念，作了許多定義，可是內容卻不見得是正確的。雖然他不自認爲權威，但是卻被後來的人塑造成權威的形象，而這形象使得後人盲目跟隨，科學發展停頓了十幾世紀之久，錯誤也這樣傳承了兩千年。

亞里斯多德提倡以地球爲中心的天體說，到了西元一百四十年，托勒密更完整地架構出《天動說》——天體以地球中心運轉。

托勒密認爲所有天體都繞在地球的周圍畫著一個大圓周，而且天體自己本身也在轉圈圈。這樣的說法看似可以解決當初已經發現的天文現象，因此托勒密的《天動說》成爲歐洲絕對的權威，即使有人反對，有人提出新理論，但沒有人眞正具體反駁，直到十六世紀，哥白尼寫下新的理論。

把上帝從天上拉回凡間

如果天體不以地球爲中心，那會是以哪顆星球呢？

如果地球不再是世界的中心？這豈不是把上帝從天上拉回凡間？

哥白尼在教會工作多年，深知教會勢力龐大，不可能接受這種詆毀教義的「異端邪說」，他更了解一旦貿然出版，只會徒然犧牲自己的生命，所以即使他已經握有許多觀測資料，還是遲遲不敢公布他的研究結果：《天體運行論》——「天體運行以太陽爲中心」。

在《天體運行論》出版的序裡，他說他猶豫了四個九年，才敢出版這本書。

《天體運行論》的重點大致如下：

一、地球不是宇宙的中心，而只是月球軌道的中心。

二、宇宙的中心在太陽附近，包括地球在內的行星都環繞著太陽轉動。

三、日地距離和眾星所在的天穹層高度相比是微不足道的。

四、每天看到的天穹周期性地轉動，是由於地球繞其自轉軸每天旋轉一周所造成的——地球自轉效應。

五、每年看到的太陽在天球的周期性運動，並不是太陽本身在動，而是地球繞著太陽公轉所造成的——地球公轉效應。

六、目視到的行星順行和逆行的現象，是地球和行星共同繞著太陽運動的結果。

在那個沒有所謂天文設備的時代，仔細看哥白尼的理論一定會覺得感動，他的論點已經相當正確。

《天體運行論》的誕生

大約在一五三〇年《天體運行論》的初稿就已完成，一開始哥白尼將初稿藏起來，一直沒有公諸於世，但是他不斷透過天文同好和其他的科學家將自己的想法傳播出去，所以有越來越多的科學家知道哥白尼的理論。

直到一五三八年，伍騰堡大學（University of Wittenberg）信奉路德派的天文學家雷地克斯（Georg Joachim Rheticus），親自到哥白尼住處拜訪，跟隨哥白尼學習兩年，也花了兩年整理出埋沒多年的稿子。

一五四〇年，雷地克斯發行《初述》（Naratio prima，First Account）來摘要介紹哥白尼的學說，《初述》並沒有引起教會太大的反彈，於是哥白尼才決定將《天體運行論》出版。

不幸的是在出版前二個月，哥白尼突然腦溢血，一五四三年五月二十四日，當這本書送到他面前時，哥白尼只能用手摸摸這本一生的心血結晶，當天哥白尼與世長辭，享年七十歲。

隨《天體運行論》而來的影響

哥白尼的著作對當代的科學家有很大的影響，人們慢慢學會不再將古書、古典、古哲奉爲圭臬，而改以懷疑的態度去驗證事實！

錯誤的權威絕對是思想的毒瘤，思想的革命正是在挑戰這些毒瘤，挖開毒瘤。在中古世紀的歐洲，教會除了深植人們的生活，甚至爲了遵守教義，管理人們的思想，深沉的影響即便到現在都還有其尊榮的地位，唯一不同的是，科學已經如脫韁野馬奔離而去，思想亦不可能被關回地球集中營。

伽利略

超越地球的科學巨人

（Galileo Galilei，一五六四～一六四二）

無邊無際的宇宙

一六〇九年，伽利略成功地製造出當時最優良的望遠鏡後，在帕度亞（Padua）自家後院遠眺天空。

第一眼望穿天際，難以言喻的驚喜讓伽利略詫異地說不出話來，夜空中一顆顆的星星，來到眼前變成一群群的星團，繁星如沙，點點晶亮如鑽，原來，人類肉眼可及的星星只是其中的一小部分。

太遠的星星看得不那麼清楚，但最令他震撼的是在望遠鏡中彷若可以觸摸到的月亮。這充滿神妙傳說的月亮，竟然不是古神話裡平滑如鏡的模樣，表面上有許多陰影，看起來像高低起伏的山勢，原來這才是月亮的眞面目！

在長時間仔細地觀察之後，伽利略還發現有四顆衛星環繞木星周圍，一切看起來十分不可思議，而且神奇無比。

伽利略曾經感嘆：「感謝上帝！我竟然是第一位親眼目睹這天文奇景的人。」成爲第一個看見天文星辰之人，他是值得豪氣自傲的，而新發現從此改變了伽利略的生活，也改變了他研究的方向。

生平小記

一五六四年二月十五日，伽利略生於義大利比薩城（Pisa）。

伽利略的父親對音樂、文學多有造詣，伽利略也像他的父親一樣，是一個才華洋溢的年輕人，可是藝術才華不足以維持家庭的開銷，所以後來伽利略進入社會後一直在賺錢幫忙養家。直到父親從事羊毛布料的買賣，這時家境才得以改善，父親深深了解現實的殘酷，於是不讓伽利略走上藝術家這條沒有保障的道路，所以在刻意的引導下，十八歲的伽利略進入比薩大學學習醫學。

十八歲的伽利略，腦海裡充滿奇異的思想，他在這時竟然發現「單擺的等時性」的定理。所謂等時性，就是單擺從一端擺至另一端所需時間相等，當單擺的運動逐漸衰緩下來時，所走的距離越來越小，單擺卻能調整它的速度，以便使擺動等時。至於

伽利略使用的望遠鏡

他是如何發現的呢？

有一個不可考的故事：

伽利略在讀醫學院時，必須上教堂做禮拜聽講，不專心的他，四處張望也不好，就看著教堂前一盞擺動的燈火，無聊地數著數，數數期間他驚奇地發現這裡面有奇特的規律，深感興趣的他，以自己的脈搏爲基準，默默地數著燈火擺動的次數。

覺得奇怪的他，回到住處後，經過一再地實驗、觀察、計算，伽利略發現了單擺擺動的定律。後來，另一位荷蘭科學家惠更斯還根據這個定律，發明了時鐘。

發現自由落體

伽利略最有名的另一個發現是「自由落體」。

西元前三百多年，亞里斯多德提出許多自然科學觀點，其中包括「物體自高處自由落下的速度和重量成正比。」也就是不同重量的物體，同時從同樣高度掉落時，重的物體會先著地。聽起來合理，而亞里斯多德的學說在十六世紀仍然如日中天，人人都奉爲經典，也沒有人提出任何懷疑。

這條錯誤的「金科玉律」被傳承了兩千年，沒人去實驗證實，也沒被反駁，直到伽利略開始研究物體運動學、物體斜面運動時，才發現這個說法可能是錯誤的。

剛開始他只是質疑亞里斯多德，想以阿基米德的「浮力原理」來解釋落體運動，認爲在眞空中物體下落的速度和它的密度成正比；在空氣或水中落下時，則物體的下落速度與物體和所通過的介質的密度差成正比。實際上這段時期的伽利略並未擺脫亞里斯多德思想的影響。

這裡也有一個被懷疑是後人杜撰的故事：

一五九〇年，伽利略在比薩斜塔做的自由落體實驗，他爲了證實亞里斯多德是錯誤的，決定公開展示實驗，請了學生，也請了幾位教授來見證。

伽利略帶了兩個不同重量的鐵球，從欄杆上，同時放下兩球，沒想到兩球竟然在同一時間落地！

教授們親眼看到實驗的結果，可是亞里斯多德怎麼可能會錯呢？他們反而懷疑是伽利略在球上面做了手腳。

上述故事的眞假不知，不過，伽利略發現到自由落體的法則「落體的速度不因爲重量改變」，這件事是肯定的。

伽利略以爲他的實驗能夠讓大家耳目一新，但是他失望了，課堂裡依舊教著亞里斯多德的舊理論。而且其他教授要求伽利略離開大學，三年後，他終於被迫辭職。

開創天文新視界

一五九二年，朋友幫忙伽利略進入義大利帕度亞大學擔任教授。這時期他做出「水溫度計」，還做許多物體運動實驗，思考大量的問題。

現代的水銀溫度計是托里切利所發明，和伽利略做出的「水溫度計」不相同，但是原理是相通的，而且托里切利還是伽利略的學生。

一五九四年，伽利略患關節炎在家休養期間，閱讀有關哥白尼日心說的書籍，引起對天文學的興趣，並以哥白尼的信徒自居，還嘲笑那些反哥白尼的人。

一六〇九年，伽利略聽說荷蘭有一種「幻鏡」，據說是光學片商人無意中將兩片玻璃透鏡組合起來，竟能將遠處的景物，看得好像就在眼前一樣的神奇之物。這項驚人的發現，立刻吸引了伽利略的注意。根據他的推想，「幻鏡」的兩個透鏡必須一個是凸透鏡，一個是凹透鏡。

於是，剛開始，他成功地製造了一個能放大兩三倍的望遠鏡。

伽利略早期的望遠鏡鏡片會出現不該有的顏色，而且影像昏暗、窄野狹窄，乍看之下並無放大的感覺，技術進步後，放大倍率越來越高，最後製造出一架可以放大三十二倍的望遠鏡，竟然可以看到月球表面。他送了一架給威尼斯的市議會，市議會對他的成就非常驚奇，決議增加他的薪水，並且承認其地位爲終身職業，這是許多教授夢寐以求的。於是他脫離帕度亞的教書工作，進入顯赫與富庶的梅迪契宮廷，他還曾在信上寫道：「我以教王子們讀書爲榮，其他人我根本不想教。」

唐吉訶德式的精神

伽利略是位文質彬彬的紳士，他稱酒爲「聚光液」，也有情婦，不管是美酒、女人、音樂，他都喜歡，他是個活潑、外向而且聰明的人。

在當時天文學家克卜勒常寫書信給他，但伽利略自視甚高，從未回信。愛因斯坦晚年時曾說：「一想到伽利略從未重視克卜勒的研究成果，我總是扼腕三嘆……。唉！都是面子在作祟。」他又說：「科學家經常如此。」因爲克卜勒建立的理論幾乎是正確的。

伽利略自己磨鏡片，自己設計，做出高倍率的望遠鏡，並開始觀察浩瀚的星空，發現月球表面凹凸不平，不像亞里士多德所說所有天體都是平滑的。另外伽利略亦發現銀河是由千千萬萬顆星星組

望遠鏡的發明使觀測天文成為風尚。AEEA天文教育資訊網提供。

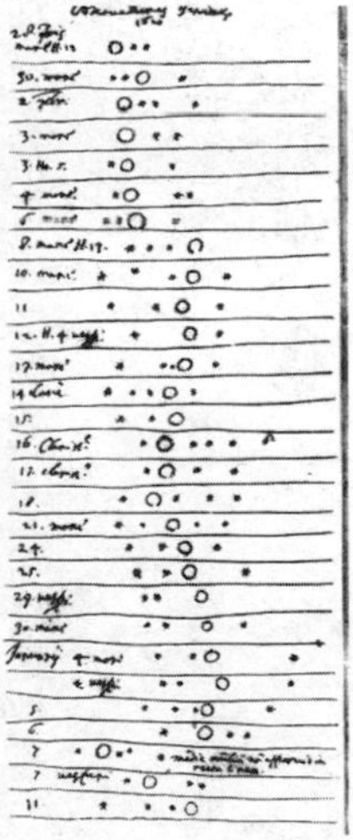

伽利略觀測木星衛星的原始記錄。AEEA天文教育資訊網提供。

成，而木星亦有四個衛星，他甚至觀察到太陽黑子。

伽利略眞該驕傲，莫怪他曾經宣稱：「天空中每件新鮮事都是我發現的！」

對於觀察天文事實，剛開始教會並沒有強烈反對伽利略，可是後來伽利略開始挑戰教義，甚至提出聖經需要修改的講法，使得耶穌會開始警告他。

不收斂的伽利略惹得耶穌會將哥白尼的《日心論》列爲禁書，爲了此事，克卜勒還生氣地說：「由於某些人的莽撞，八十年來一直沒事的哥白尼著作現在被禁了。」

伽利略的聲望如日中天，權利慾望過於擴張，敵意和懷疑也隨之而來，他被惡意批評爲踐踏聖地。

事實上，伽利略根本無法證明哥白尼的理論。他所提出的只是一系列的類比，例如行星繞日就像木衛星繞木星一般，各自成一世界，就像月球自成一世界，諸如此類，而金星的盈虧用地球居中模型也解釋得通，不一定要用哥白尼的太陽居中模型。

一六一六年，教宗和宗教法庭庭長訓示伽利略，警告他不得侵略神學的領域，而天主教的教士，下令嚴禁哥白尼的理論，燒毀一切贊成《日心說》的書。教會的勢力太大，悶悶不樂的伽利略不得不接受禁制令。

世紀大審判

此後，他小心翼翼了好長一段時間，只研究安全的題材。但因爲他天生科學家的反骨執著，對他，眞理才是一切。一六三二年，他再度出版一本書，內容闡述哥白尼的論點，並且更詳細地解說他的理論。

一六三三年六月二十一日，伽利略被送至羅馬的法庭接受審判，理由是公然反抗教會統治的重罪。

假如審判團發現他不服從，便可以罰他入獄、拷問或處死，可是這時，伽利略已經七十歲，健康不佳，在酷刑的威脅下，屈服地說：「我同意哥白尼地球繞太陽運行是錯誤的，請求寬恕。」

伽利略被迫簽署了一份手寫的認罪書，並公開否認他的信念。他跪在地上，雙手放在《聖經》上，宣讀了拉丁文的悔過書。被

伽利略於法庭上接受審判

迫宣示背棄「太陽中心論」後，伽利略說：「我在這個世界上已經是個死人。」

審判團對這偉大的科學家很寬大，沒判死刑，而判他在翡冷翠郊外的自宅終身監禁，禁止他實驗和寫作。

但伽利略堅持到底，他繼續秘密實驗及寫作，死前還完成兩本重要的書籍。

一六四二年一月八日，七十八歲的伽利略在教會罪人之名下，含冤而逝。

直到一九八九年，教宗約翰・保祿二世公開表示：「對伽利略進行的宗教審判是錯誤的。」並在一九九二年，為伽利略恢復了名譽。

哈維

發現體內血液循環論的解剖醫學家

（William Harvey，一五七八～一六五七）

血液循環論

唐斯博士（Robert B. Downs）所著《改變歷史的書》中，列有十六本改變歷史的巨著，哈維的《血液循環論》就在其中。這本書到底改變了什麼歷史呢？

如果隨便問一位修習過生物學的學生：「血液在身體裡如何流動？」他的回答可能會像教科書裡介紹：「人體循環系統主要由心臟及血管組成，後者又可分為動脈、微血管、靜脈。心臟分為四個腔室：左右心房及左右心室。血液由左心室出發進入動脈後，隨著不斷分支，口徑漸小，流速漸慢，血壓漸減，最後分流到全身各處後，形成微血管，微血管管壁很薄，成為物質交換的場所。之後，血管逐漸匯流成靜脈，口徑漸大，流速漸增，但血壓仍漸減，最後，回流到右心房，完成所謂大循環或稱體循環。接著血液再送到右心室，再到肺動脈，進入肺部微血管，在此交換氧氣和二氧化碳，而後匯流成肺靜脈，回到左心房，是所謂小循環或稱肺循環。血液就這樣反覆循環，在身體裡流動。」

這個現象，合理簡單，也不是太複雜，只不過在西元一六二八年前，長達一千多年以來的古典醫學對於血液流動的說法都是錯誤的，一直到英國醫生哈維在一六二八年公開出版《血液循環論》一書後，血液循環的正確觀念才爲世人揭露。

生平小記

一五七八年，哈維出生在多佛（Dover）附近的漁港。家境富裕，父親不僅是成功的商人，後來還成爲當地市長。從小，父親便對這個聰明的長子特別重視，就像天下企望

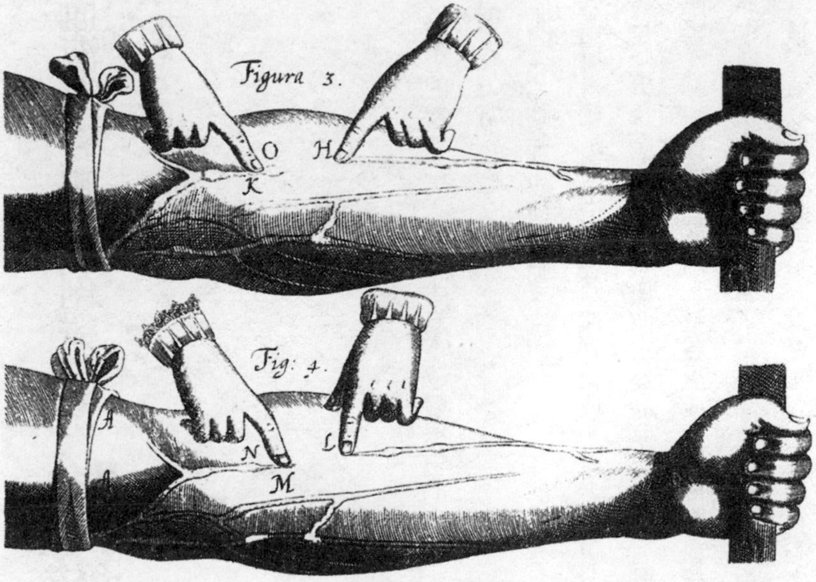

《血液循環論》書中的插圖

子女成材的家長一樣，對他栽培有加，還安排他進入最優秀昂貴的貴族學校。

一五九三年，哈維順利取得獎學金進入劍橋大學，準備習醫。哈維在學校習得許多知識學問，當時學校的教學理念是以「尊古」爲中心，即使安排許多課程，也多是古哲的思想傳承，例如採用亞里斯多德的學說。

哈維於一五九七年第一名取得學士學位後，繼續留在劍橋學醫學。但是內容還是一、兩千年前亞里斯多德與蓋倫（Galen）的學說。

於是，一五九九年秋天，哈維離開英國劍橋，進入北義大利的帕多瓦大學繼續習醫。

錯誤的古論

以往，大家都知道失血過多會死亡，但是也不眞正明白血液的功能與組成成分。所以在科學尚未昌明的時代有許多「假說」：

例如，古希臘人將人體分爲呼吸系統跟滋養系統。

呼吸系統負責生命之氣的製造傳輸，動脈是屬於呼吸系統的一部分；由肺吸入的空氣通往左側心臟，經過加溫及轉變，成爲生命之氣，再由動脈傳送全身，人體如果失去生命之氣也就失去生命。滋養系統便是輸送血液的系統，血液滋養人的生命，也是由動脈運送，一旦失血過多人會虛弱或是死亡。

如此說來，呼吸系統跟滋養系統都必須使用到動脈。

可是在古論中，又說攜帶精氣的呼吸系統與輸送血液的滋養系統相互獨立，種種矛盾之說在西元二世紀時，由當時在羅馬執醫的蓋倫著書集成，支配了西方醫學一千五百多年的時間。

蓋倫對醫學的強大影響力，來自他所寫的巨冊，這套書約有二千五百萬字，共廿二冊。因爲他的理論與教會的教義符合，所以他的理論一直被教會「罩」著，因此，經過了十五世紀之久，蓋倫的醫學理論仍被視爲眞理，如有人膽敢提出不同於蓋倫的說法，輕則罰款，重則下獄。這段時間成爲西方醫學的黑暗期。

實驗生理學

十六世紀時，解剖學家維薩流斯（Andreas Vesalius）進入義大利帕度瓦大學任教，有名的伽利略也曾在這所大學任教。

維薩流斯在教學後發現之前所學得的知識似乎有許多的矛盾之處，慢慢地他對蓋倫的權威提出挑戰和質疑。當時他首創親自在課堂上動手解剖屍體，進行實證式說明教學。

進行這種實驗是很不容易的：第一、這是人的屍體；第二、當時保存屍體的技術問題；第三、也是最重要的問題，要面對當時人們對實體解剖實驗的非議。

而在許多解剖中，他發現蓋倫書中所描述的內容，很多都不是來自眞正的人體，而是動物的內臟。

一五四三年，維薩流斯在瑞士出版了有史以來第一本繪畫精美、寫眞度高，且忠於實體的人體解剖構造圖：《人體的構造》，一套七本，一時引起醫界的驚嘆，在這之前，從來沒有人可以這麼容易清楚地看見人體。

因爲有維薩流斯這位開創者，以及其跟隨者奠下的基礎，帕多瓦大學醫學院一度成爲當時歐洲最進步的醫學院之一。維薩流斯的第三代學生法布里秋斯（Hieronymus Fabricius，一五三七～一六一九），正是哈維的老師。

哈維來到此繼續研究醫學，幸運地遇上著名的外科醫生法布里秋斯。

老師法布里秋斯在那時剛發現靜脈內有「小門」，就是現在所說的瓣膜，雖然老師只有研究到此，但哈維在當時便決心找出血管更多的內容和功用，只要有機會，他便解剖鳥、青蛙或兔子的身體，研究牠們的血管。

解剖許多動物後他總結了一條線索：靜脈的血液總是流回心臟，動脈的血液一定流出心臟，瓣膜只開向同一個方向，使血液流一定的方向，不致逆流。

帕多瓦醫學院的實驗實證精神讓他學會實驗科學，奠下後來提出循環理論的基礎。

進行人體觀察

哈維從醫學院畢業之後，成爲合格的醫生在倫敦開業看診，使他有機會觀察人的心臟和血液，像觀察動物一般，哈維詳細記錄看到的一切。閒暇時繼續做動物實驗，並開始讓理論系統化，在下結論以前，他知道自己需要許多證據，因此繼續研究了好幾年。

他發現心臟約有拳頭大，是一個空肌肉囊，作用像唧筒。以七十公斤重成人而言，全身血液約有五千多毫升，而心跳速率每分鐘約七十二下，每次所搏出的血液約七十毫升，就是心臟收縮時，抽出約七十毫升的血液到動脈，然後放鬆和擴大，再收縮。

哈維計算出心臟每小時一定會抽出五千毫升以上的血液，這是他最後的線索，身體顯然地每小時不能製造和排除五千毫升的血液，人體裡卻正好約有五千多毫升的血液，到底爲什麼會這樣呢？

原來是相同的血液在體內循環！

哈維爲了研究體內循環，解剖了數十種動物，包括爬行類、甲殼動物和昆蟲，在多年的研究之下，他最大的困擾就是，他不知道小動脈裡的血液如何交換到小靜脈。

哈維一直無法證實循環作用，是因爲他無法清楚建立動脈末端和靜脈起頭之間發生了什麼事，這無非是因爲當時技術上無法觀測到微血管變化的原因。所以，他只能以計算出心臟輸出的血量，來推論血液在體內循環。

當然他是正確的。

直到後世，列文虎克改良了顯微鏡，以顯微鏡觀察到小魚尾鰭微血管的交換流動後，終於替哈維解答了這問題。

建立正確的血液循環論

哈維相當肯定自己的理論：「血液在體內循環。」他一次又一次地檢查心臟、動脈和靜脈，直到理論完全正確才滿意，繼而和別的醫生討論他的觀念。十二年後一切研究告成，將書出版。

哈維自己曾寫道：「但是，關於血液流量和流動原因尚待解釋的內容，是如此新奇獨特、前所未聞，我不僅害怕招致某些人妒恨，而且想到我將因此與全社會爲敵，不免不寒而慄。匱乏和習俗已成人類的第二天性，加之以過去已經根深蒂固確立的理論，還有人們尊古師古的癖性，這些很嚴重地影響著全社會。然而，木已成舟，義無反顧，我信賴自己對眞理的熱愛以及文明人類所固有的坦率。」

哈維的恐懼來自於歷史上曾經存在的教訓以及他所遭遇的排斥和懷疑，儘管這本書在醫學界引起了轟動，但是十七世紀初葉，人們的思想仍相當迷信保守，接受新觀念的速度很慢，連受過良好教育的醫生，也傾向古老的迷信。他受到了嘲笑和辱罵，求診的病人大大減少，直到爭論了二十多年以後，血液循環說的眞理才被普遍接受。

眞不知如果沒有哈維的研究，現代的醫學會是怎樣的一個局面呢？

列文虎克

幫助人們進入微觀世界

(Antonie Van Leeuwenhoek，一六三二～一七二三)

「幻鏡」起源

最早的顯微鏡出現在十六世紀末，或許應該說是「望遠鏡」、「放大鏡」。一五九〇年某日，荷蘭朱德爾堡的眼鏡商漢斯・簡森（Hans Jansen）在自己的店鋪裡看到兒子查卡里亞斯・簡森（Zacharias Jansen）在玩弄透鏡。他們偶然將兩塊大小不同的透鏡重疊在適當的距離時，發現竟然可以見到遠處鐘樓的景象，並且增大了許多，這眞是一個十分驚人的發現！

漢斯以一個商人的敏銳度，將一塊凹透鏡與一塊凸透鏡分別裝在一根直徑一英吋、長一英尺半的銅管兩端，世界上第一台原始的望遠鏡便誕生了，它的放大倍數約爲八倍，漢斯製造「幻鏡」出售，很快地整個歐洲都知道有望遠鏡這神奇的玩意。

爲什麼要介紹望遠鏡呢?因爲這正是顯微鏡的前身。而發明顯微鏡的人是羅伯特・虎克(Robert Hooke,一六三五~一七〇三),而改良顯微鏡的人,甚至花費一生在觀察微生物的人是列文虎克。

生平小記

列文虎克是沉靜矮小的荷蘭人,原本在荷蘭德福市經營一家布料店,二十八歲時去當收稅員,不久不知爲何被降爲市公所的守衛。然而,對他而言,這卻是改變一生的時機,因爲這個工作可以保證他三餐溫飽,所以他多了很多閒暇的時間。

而他唯一的嗜好,竟然是製造放大鏡,並挑戰放大鏡的功能!據說他一生中,總共磨出四百一十九枚透鏡。

那時最專門的透鏡工匠,磨製的最好透鏡,也只能放大十倍,主要是給視力差的人用來閱讀,列文虎克對買回來的透鏡不滿意,他自信能造得更好,於是白天工作,晚上回家後,在工作檯上,研磨著玻璃。

做了幾百片透鏡,技術因磨練而改進,技術成熟後製造出的球狀透鏡竟能把小跳蚤放大兩百倍。

在擁有工藝技巧和巧思之下,他把透鏡裝在一個小架子上,底下放一面鏡子,照見透鏡。

在透鏡和鏡子間一片清澈的玻璃上，放檢驗的東西，如一隻蒼蠅的眼睛，一點胡椒末。於是放大透鏡升級成了顯微鏡。

他從未自命爲科學家，但他抱著科學家的好奇心和態度來觀察事物，包括魚鱗、頭髮、蚤腳，甚至小粒的灰塵，幾乎沒有什麼能逃過他的眼光。他也非常仔細地檢驗各種東西，像是頭髮就看過幾百根，直到相信所有的結構都相似，才畫圖、註明爲「人的頭髮」。

顯微鏡的貢獻

「幻鏡」到伽利略手中除了變成效能優良的望遠鏡，也曾經變成放大鏡觀察昆蟲。

西元一六六五年，英國科學院的科學家羅伯特．虎克也曾以多層鏡片的組合自製了第一台複式顯微鏡，粗略地觀察到樹木薄片裡有蜂窩狀的小格子，這是科學家利用簡陋的工具對生物加以觀察並記錄的開端。

而眞正將顯微鏡改良精巧的人是列文虎克，他造出更高倍率的單眼顯微鏡，利用短焦距的顯微鏡，將觀察物放大到兩百倍，如此已經可以觀察到很多微小的生物。因此，他發現了很多原生生物、口腔內的細菌、藻類、紅血球、精子等。他主要的發現如下：

一六七四年：精確描繪出紅血球的形狀，推定大小約八．五微米。

一六七七年：發現人類的精子。

一六八二年：發現紅血球的核。

一六八三年：記錄了細菌的構造，並發現了橫紋肌的微細構造等。

看到列文虎克發現的事物，一定以為他有一個設備完善的實驗室吧？其實他眞正的職業跟科學一點關係都沒有，而且他也幾乎沒有受過學校教育。

羅伯特．虎克的回信

當時，英國一群著名的科學家組織一個俱樂部「英國皇家學會」，著名的會員有化學家波以耳、發明家羅伯特．虎克和偉大的牛頓。

列文虎克正好有一位朋友是皇家學會的名譽會員，建議列文虎克寫信給英國的科學家，把顯微鏡下的發現告訴他們。列文虎克對這個提議感到高興，可是他的鄰居都認為他瘋了。

他寫的第一封信：「由列文虎克用自製的顯微鏡可以觀察到許多微細物，像是黴菌、蜜蜂的刺等等。」

起初，皇家學會的那些人物都覺得這沒沒無聞的研究者是個無聊的人，但是羅伯特．虎克看了他的研究文章後，認為他的原理及觀察都是正確的，於是回信請他有新發現時繼續寫研究論文來。

人類首次看見細菌

這天以後，列文虎克的生命改變了。

原本他只是觀察現有的生物，這天，他放了一滴雨水在顯微鏡的承物玻璃上。列文虎克吃驚地發現那一小滴的水裡竟有成群的小蟲子在游泳、蠕動。這吃驚的程度大概跟伽利略看見外太空的星星是一樣的吧！

他描述說：「牠們很小，你能把一百萬隻放在一粒粗砂上！」

他便是歷史上頭一位眞正看見所謂微生物或細菌的人。而他的發現在日後，改變了整個醫學界，使科學家和醫生能診治和預防細菌引起的疾病。

列文虎克本來輕易地要下結論：「天空落下的雨水裡含有細菌。」

但他細心一想，決定小心地洗碟子，再一次蒐集一些乾淨的雨水，用顯微鏡一看，這次卻發現裡面沒有細菌！

但幾天後，這碟雨水沾染上灰塵，列文虎克又在顯微鏡裡發現大量的「小蟲子」。

幾次的觀察後，他認爲證據還不足；於是他再檢驗汙水潭的水、屋頂、湖沼、河流、各地的水。經過好幾個星期的檢驗研究，才下結論，他說：「在我們周圍的空氣裡帶有微小生物，牠們飄浮在灰塵中。」是的，他是正確的。

列文虎克繼續用巧妙的透鏡窺探世界。

他查看血液、身體的黏膜、牙齒的細菌等等，而且他做了一個很有趣的實驗，他喝了一些熱水之後，再去取牙齒的觀察物，很特別的是某些微生物不再活動，死亡了。因此他頭一次證明「熱」真的能殺菌，而有了我們後來的「滅菌法」。

列文虎克繼續做許多不同的觀察及實驗，這幾年，列文虎克也持續寫信給英國皇家協會，他們收到信時都表示想要做同樣的實驗。一六八〇年皇家學會邀請列文虎克成為皇家學會的名譽會員。

列文虎克受寵若驚，一夕成為名人，許多名人政要，如俄國沙皇彼德大帝和英國女王都來拜訪他，想要看看顯微鏡下的世界，而他寧願孤獨地從事他的工作。

將近八十歲時，他做了一項著名的實驗。

他研究生長在德福運河的貽貝，他取一隻養在玻璃容器裡許多天，驚訝地注意到水裡的細菌把貽貝肉吃光了。因此，列文虎克宣布微生物或細菌能消滅較本身大許多倍的生物，他也證明有些細菌是有用的，因為能消滅無用的廢物和垃圾。

列文虎克於九十一歲去世。

雖然他未受訓練和教育，但他的耐力使他成為細菌學上偉大的開拓者。顯微鏡的改良應用於科學研究中，使得人類的視野大大的擴充，在那個人類一心努力想看盡宇宙的時代，把人類的視野從宏觀引入微觀，了解到動植物體內的細微結構，給生物界、醫學界極大的幫助，直接影響了十九世紀細胞學、微生物學等學科的建立。

牛頓

發現萬有引力及運動三大定律

（Isaac Newton，一六四二～一七二七）

不尋常的眼光

光，在我們的眼中只是單純爲了照亮黑暗而來，蘋果會掉到地上也是因爲它本來就會掉到地上，月亮會陰晴圓缺自古如此，物體運動也是尋常，爲什麼到了牛頓眼中這些都不一樣了呢？

牛頓曾說：「如果我比笛卡兒等人看得遠些，那是因爲我站在巨人的肩上而已。……我不知道我呈現了什麼給這個世界；但就我個人而言，我覺得我只是一個在海邊玩耍的孩童，把自己投入比平常所見更漂亮的貝殼與平滑的石子而已，但展現在我面前的是一片尚未被發掘的眞理的海洋。」

牛頓說的很美好，但是他絕對不是個浪漫的人，甚至有人批評他是個眼高於頂，不能容人的人。爲什麼呢？

生平小記

牛頓生於一六四二年十二月二十五日，英格蘭林肯郡的烏爾斯普鎮（Woolsthorpe）。

現代科學之父：擁有不尋常眼光的牛頓

如果一個人的性格與他的童年生活相關的話，牛頓的性格或許跟他不幸的童年是聯結的。

牛頓出生之前，父親已去世，三年後，他的母親改嫁，把牛頓留給他的祖父母撫養。八年之後，丈夫病故，牛頓的母親再度帶著後來生的一子二女回到烏爾斯普鎮。

牛頓自幼沉默寡言，性格倔強，這種性格或許正是來自他處於宛如一再被遺棄、漠視、充滿不安全感的原生家庭。

十二歲，牛頓進入中學讀書，成績並不好。母親原本希望他可以在家幫忙農事，做個農夫幫忙家計，可是牛頓常常躲起來讀書，忘記有工作的事。試想他的尷尬處境，或許這些叛逆行爲是反抗母親的一種表現吧。

牛頓的中學成績不出色，可是他很喜愛閱讀各式書籍，尤其對於自然現象有天生的敏銳及好奇，他也會模仿書籍或從觀察中製造一些工具或是做小實驗。而且牛頓非常熱中於記錄讀書心得，這些筆記條例詳細，這點從他讀書時期存留下的筆記本中可以觀察得到。

踏上研究之途

當時一位當神父的叔父艾斯庫別具慧眼，鼓勵牛頓上大學讀書，所以牛頓在一六六一年以減費生的身分進入劍橋大學三一學院。

牛頓進入劍橋大學時，那裡傳授的都是經院式課程，等於提供了一些基礎訓練，兩年之後，學院裡的盧卡斯教授提倡革新，創設了一個特別的自然哲學講座，這個講座專門講授自然科學知識，安排許多當代新科學的課程，有別於以往的保守。

講座的第一任教授巴洛（Barrow）是一位自然哲學教授，正是這位教師啓發了牛頓的自然科學之路。

布萊克所描繪的牛頓

在講座課程中，牛頓學習了歐基里德、開普勒、笛卡兒、伽利略、羅伯特・虎克等人的理論學說，還認識了皇家學會的歷史和早期的《哲學學報》等。這段巴洛教學指導的日子，深深影響了牛頓，促使當時二十二歲的牛頓，發現了二項式定理，讓巴洛對於牛頓展現出的才華極為讚賞。

可惜，一六六五年時倫敦流行鼠疫之類的傳染病。劍橋就在倫敦附近，唯恐波及，學校只好宣布停課。牛頓只好在當年六月返回故鄉烏爾斯普鎮。

回到家鄉一年半的歲月，他將習得的自然科學醞釀發酵，閒暇時致力於數學、光學和物體運動重力方面的思考及研究，這些研究奠定了他後來理論的基礎。

據說這段期間，在數學上，他研究出微積分這項數學工具。

在光學上，牛頓利用三稜鏡分析日光，發現光譜的存在，並提出光的微粒說。

重力研究方面，傳說牛頓看到蘋果掉下來打到他的頭，而引發萬有引力的想法。當時牛頓也曾研究過克卜勒的行星三大運動定律，並思索月球繞地球運動的道理，這些都是後來成功計算出有名的萬有引力定律及運動三大定律的基礎。

一六六九年十月二十七日，巴洛讓年僅二十七歲的牛頓接替他擔任盧卡斯講座的教授，可是他的教學並沒有特別受到歡迎，而且他的論文發表也都受到一些批評。

後來牛頓把他的光學講稿、算術和代數講稿——《自然哲學的數學原理》等手稿送到劍橋大學圖書館收藏。一六七二年起他被接納為英國皇家學會會員，一七〇三年被選為皇家學會主席直到逝世。

牛頓在《自然哲學的數學原理》中說：「在宇宙裡每一物體和別的物體，互相吸引。……整個世界被這力量所統治，這力量的大小要看物體的大小，和兩物體間的距離。」這力量可以正確地用牛頓的數學公式計算。

牛頓首開光學的探究。AEEA天文教育資訊網提供。

牛頓理論的應用

牛頓的引力公式適用在任何物體，包括計算預測遙遠的星球。一七八一年，天文學家威廉・賀西勒（William Herschel）發現天王星，但是實際觀測到的軌道跟計算的軌道有差距，於是天文學家李佛瑞（Urbain Leverrier）以牛頓引力公式計算出某處會有另一星球存在，在柏林天文台工作的伽勒（Johann Gottfried Galle）朝著結果下去尋找，一八六四年九月二十三日，果然發現了一顆新行星——海王星，而這只是從牛頓力學中得到的一點點輝煌成果，牛頓留下的是一整座寶藏。

雖然，他所出版的書籍很難讀也很難懂，但據說他向朋友說這是故意的，如此才可避免那些一知半解的二流數學家無情又殘酷的批評。觀察牛頓一生，雖然他留下偉大的成就，可是他也一直戰戰兢兢地很怕被批評。

奇怪的冶金晚年

牛頓在寫完《自然哲學的數學原理》之後，生活與工作都相當忙碌，他一直不是個適任的教師，因而厭倦了大學教授生活，在一七〇一年正式辭去劍橋大學的教書工作。

牛頓辭掉教職後，得到朋友蒙塔古的幫助，在一六九六年進入造幣廠擔任監督的工作，更在一六九九年升任廠長至退休。

在造幣廠工作時，牛頓運用他的冶金知識改革混亂的幣制，推出難以仿冒的新幣，挽救英國的經濟危機，因爲功勞甚鉅，所以在一七〇五年受封爲爵士。

牛頓在改革幣制時，規定凡是製造劣幣、擾亂幣制，都處以死刑，當時有十多人在峻法下受刑。

一七〇三年，六十一歲，牛頓擔任皇家學會主席，可是此時他對科學已顯得消沉，而且他有許多讓人費解的暴力行爲，包括將羅伯特．虎克的一切從皇家學會中抹去。

他倆的恩怨在於虎克任皇家學會的會長期間，曾經阻礙牛頓參與學會的活動；而不只虎克，許多曾經批判過牛頓或是跟他對立的學者，都面臨被趕出學界的命運，在這種恐怖的暴力學術之下，學者紛出走至歐洲他國，英國的學術因此落後一百年。

最近有科學家取出牛頓的頭髮分析，據說含汞量異常之高，所以會不會是煉金術及科學實驗汞中毒呢？而汞中毒的後遺症正是可怕的精神疾病，有沒有可能解釋牛頓後來的行爲呢？再則，如此科學的牛頓，何以晚年會再走回宗教？研究宗教？

留下輝煌的學術寶藏，牛頓的智慧傳遞不盡，牛頓的理論一直屹立不搖，直到兩百年後愛因斯坦的「相對論」才再修正。而個性陰沉的牛頓，還留下許多不解之謎，於一七二七年，牛頓八十五歲，永遠一起埋葬於西敏寺教堂。

庫侖

十八世紀最偉大的物理學家

(Charles Augustin de Coulomb，一七三六～一八〇六)

電的初體驗

最早對「電」這種現象進行觀察的人是古希臘米利都的泰勒斯。

相傳西元前七世紀的數學家泰勒斯在愛琴海的海灘上發現了一塊透明的黃褐色石頭，他撿起那塊石頭，用毛皮將它擦淨，放進懷裡，哪知這塊被擦過的小石頭一下子又髒了，石頭上布滿麥桿的碎屑和大衣的纖維。

後來，他把那塊石頭帶回家與朋友再次試驗。他們用摩擦過的石頭去接近羽毛和碎屑，果然把那些輕小的東西吸起來，幾次試驗都獲得相同的結果。

原來那塊金黃透明的石頭就是琥珀，而今時我們使用的英文單字電「electricity」的字根正是希臘語中的琥珀「electron」。

雖然泰勒斯發現琥珀的起電現象，但是對性質卻缺乏深入研究，他把天然磁石吸引小鐵片的現象與琥珀吸引羽毛的現象混為一談。

由於當時他是權威，人們把他的錯誤見解也當作教條信奉，從不懷疑。泰勒斯混淆電與磁現象的錯誤，直到西元一千六百年才被英國的吉伯特指了出來。

生平小記

庫侖家族是法國南部的一個望族，他生於一七三六年六月十四日法國昂古列姆城，最大的貢獻是在研究靜電力和靜磁力方面的成就。

由於庫侖在動盪的政治年代中長大，當時伏爾泰的自由主義和盧梭的民主思想影響整個法國，所以年輕的時候便充滿抱負。

中學時期因為愛好數學和物理，在梅濟耶爾進入工程學校。

一七六一年畢業，進入法國兵工團擔任技術軍官。

三年後被派往加勒比海法屬馬提尼克島擔任建造要塞防禦工事的工程師。

在學習軍事工程的同時，自己也努力鑽研科學與數學，而馬提尼克島上監督防禦工事的經歷，以及從事材料摩擦及扭轉方面的研究，使他對科學更有興趣，一七七六年因為生病才回到巴黎。

除了建築力學，他所發展出的電學也是物理學重要的分支，在發展過程中，很多物理學巨匠都曾有過傑出的貢獻，而第一位將電量定量的人便是庫侖。

卓越的應用力學

庫侖先在應用力學上作了許多努力，例如結構力學、樑的斷裂、磚石建築、土力學、摩擦理論、扭力等方面。

他是人類工程學中，測量人在不同工作條件下做功的第一個嘗試者。由於他的卓越成就表現，被認為是十八世紀歐洲的偉大工程師之一。

庫侖在軍隊裡從事了多年的軍事建築工作，這些經驗為他在一七七三年發表的有關材料強度論文積累了許多應用資料。在這論文裡，庫侖提出了計算物體上應力和應變的分布的方法，這種方法成了結構工程的理論基礎，一直沿用到現在，在土木工程上，他在十八世紀設計出來的公式跟今日精密電腦所計算出的數據相當接近。

庫侖與電

靜電的現象很多，冬天的時候，天氣乾燥，當我們脫下毛衣時，有時會聽見微弱的劈啪聲。或是手接觸到乾燥的金屬車身，手指突然受到瞬間電擊，這些在日常生活，尤其乾燥的環境裡，常會出現，是什麼原因呢？現代人大都了解這是由於摩擦產生靜電場的關係。

對一般人而言，這只是靜電的一種現象，可是對科學家庫侖來說，這其中還有大大的趣味存在。

當時，人們集中注意地球的磁性，科學家大都忙於研究力學或光學，較少顧及電學。十八世紀隨著蓄電裝置的發現與閃電的認識，電學才變成熱門的研究主題，牛頓就曾經探討過玻璃的摩擦發電，也曾對磁石的作用力大膽的提出平方反比律。

一七七三年法國科學院懸賞徵求「改進船用指南針的方案」，庫侖就在此時開始轉而研究靜電力和靜磁力。

他注意到以往把磁針托在細小支點上會受到摩擦力的影響，幾番思量之下，改用頭髮或蠶絲把它懸掛起來，藉以減低摩擦力所引起的誤差，這個改進使他獲得一七七七年法國科學院的獎賞。

他同時還測得作用在細絲上的扭力與磁針偏轉的角度成正比，利用這個結果能計算出磁力的大小。這項發現促使他提出一種可以精確測量微小力的扭秤，這種裝置可用來算出靜電力或磁力的大小，後人稱之爲庫侖秤。

庫侖用庫侖秤來精密測量兩個點電荷的相互作用力，確定了作用力和兩個電荷的乘積成正比，和兩者距離的平方成反比。因此建立庫侖定律，又被稱爲平方反比定律。

著作及貢獻

一七八五年至一七八九年間，庫侖陸續發表了七部電學與磁學的著作。一系列著作豐富了電學與磁學研究的測量方法，並將牛頓力學的原理擴展到電學與磁學。

庫侖是一個深具影響力的數學家和物理學家。其實在庫侖之前，多數的科學家只是對電現象進行性質方面的研究，沒有進行定量的研究。庫侖發明的庫侖定律使電學進入了定量研究的階段。

庫侖不僅在力學和電學上都有重大的貢獻，做為一名工程師，他在工程方面也有重要的貢獻。他曾設計了一種水下作業法，這種作業法類似於現代的沉箱，它是應用在橋梁等水下建築施工中的一種很重要的方法。

他有多方面的才華，除了科學研究外，也從事社會服務。他一直在法國教育部擔任重要職務，並擔任水利資源部總監。後來由於高層官僚對他生惡，才停止了所有社會活動。

一七八九年法國大革命爆發，他隱居了好幾年，完全投身於科學研究。拿破崙掌權之後，又恢復了庫侖所有的公職，他擔任這些職務直到一八〇六年八月二十三日，因病在巴黎逝世，終年七十歲。

庫侖被稱爲十八世紀最偉大的物理學家之一，他的傑出貢獻永遠不會磨滅。至今，不管是工程上或是電磁學上，我們都會應用到他設計的公式，計算電阻、電量等等的式子也必須用「庫侖」這個單位。

拉瓦錫

步上斷頭台的近代化學之父

（Antoine Laurent Lavoisier，一七四三～一七九四）

鑽石的成分是什麼？

拉瓦錫爲了探究眞相，常常不顧一切，據說這位富有的化學家曾經爲了解鑽石，買了一顆之後，將其置於特地設計的玻璃器具內，再以聚光透鏡聚集陽光使其燃燒，實驗發現鑽石在燃燒後，容器內所留下的氣體跟燃燒木炭所得的氣體是一樣的，也就是二氧化碳。

如此便可以推論鑽石亦是碳的結晶，由於筆者並未親眼見過鑽石的燃燒情形，但是據研究，在空氣中，八百度以上的高溫就可以使鑽石像木炭般燃燒。

不知道當時鑽石的價值何在，是不是和現在一樣昂貴呢？但是，從這裡可以看見拉瓦錫爲了做實驗和了解事情的眞相，他可以不計一切「往前衝」！而拉瓦錫又將爲他的科學狂熱付出怎樣的代價呢？

生平小記

一七四三年八月二十六日，拉瓦錫出生於巴黎一個律師家庭。他的父親擔任高等法院的檢察官，拉瓦錫二十一歲大學畢業時取得律師的資格，大家都以為他會克紹箕裘成為律師，然而因為在大學時他對自然科學產生濃厚的興趣，平時主動地學習數學、天文、植物學、地質礦物學和化學，最後竟然將人生轉而投入自然科學。

一七六五年，一場關鍵的競賽讓拉瓦錫從此投入科學世界。二十二歲時，他參與一場設計競賽，當時法國科學院重金徵求一種使路燈經濟又明亮的設計方案。

雖然，他的設計沒有得到獎金，但也被評為優良方案，得到國王頒發的金質獎章。他更有信心且熱情地投入研究，從此以後，不斷展現他的才華和科學研究上的成果。

他於一七六八年被選入法國皇家科學院，這對拉瓦錫表現出的科學才能已經是一大肯定。一七八五年更擔任科學院的秘書長，成為科學院的負責人，是當時的榮譽職位。

拉瓦錫表現在科學的才能十分突出

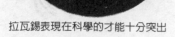

百日實驗

因爲亞里斯多德的「四元素說」中有水土是互生互變的說法，而且人們也時常發現煮水的容器中，常會形成白白的沉澱物。所以十八世紀時，許多人深信水能變成土。

拉瓦錫卻對此產生懷疑，所以他特地打造了一個很特別的公開驗證實驗。

實驗器材上，他採用歐洲煉金術中一種特別的蒸餾器，這種蒸餾器能使蒸餾物在容器裡被反覆蒸餾。

他將蒸餾器稱重，然後加入計算好的蒸餾水，密封後點火加熱，同時進行觀察。

拉瓦錫讓蒸餾器連續加熱一百零一天，他發現蒸餾器中的確產生了固體的沉澱物，冷卻後，他先稱了總體的重量，發現加熱前後總重量沒有改變。

接著，他把所有的東西重新驗秤一次。發現水重沒變，而蒸餾器少的重量恰好是沉澱物的重量。

根據實驗，拉瓦錫寫了研究論文批評水能變土的說法。

據說後來，瑞典的某位科學家對這沉澱物進行分析，證明它的確來自玻璃蒸餾器本身。這就是著名的「百日實驗」。

發現氧氣

在拉瓦錫之前，化學這門學問只是累積了一大堆的實驗資料、理論基礎未完全確定、用語、術語也相當混亂的「煉金術」，化學物品的主要分類像酸、鹼、鹽、鹼土金屬等雖然已經能辨別，但對氣體的存在幾乎還茫茫無知。

拉瓦錫在他五十一年的生涯中，有許多跨時代的成就，例如他以精確的定量實驗作為依據，推翻統治化學理論達百年之久的「燃素說」，建立以「氧」為中心的燃燒理論。

當時化學物質的命名混亂沒有系統，拉瓦錫與幾位化學家合作制定出化學物質命名原則，建立出化學物質分類的新體系。

根據化學實驗的經驗，他用嚴密的科學方法證明了「質量守恆定律」。

拉瓦錫所提出的新觀念、新理論、新思想，掀起當時學術的許多挑戰，被視為異端邪說，然而眞實數據下所呈現的證據難以推翻，而且不斷得到正確的驗證，他的理論學說很快就被接受，為近代化學的發展奠定了重要的基礎，被譽為「化學界的牛頓」，更被世人尊稱為「近代化學之父」。

步上斷頭台

這樣的一位科學者，後來怎麼會走上斷頭台之路呢？

二十五歲的拉瓦錫成為皇家科學學院的會員，同時不知為何他決定成為徵稅員。他一邊工作，一邊維持他的實驗。

當時法國「徵稅承包」這個職業，大多是商人組成，業者接受政府委託，向人們徵收稅金，再從中加上高額佣金作為手續費，也必須有錢有勢，才能夠擔任這種職業。

徵稅承包業者擁有很多徵稅員，他們為路易王朝向人民課徵重稅，催討手段十分殘酷，貧困家庭付不出稅金時，甚至搶奪他們僅有的食物，對老弱婦孺也是如此，所以人們對於他們憎恨入骨。

三十二歲時，拉瓦錫把母親一部分的遺產——五十萬法郎投資組成「徵稅協會」並成為其中的幹部之一。

「徵稅協會」其實就是專門以暴力收稅的組織，他把當時法國的「徵稅承包業」收納為成員。實在很難想像具有優秀頭腦的拉瓦錫專門替國家徵收賦稅並從中獲得暴利，像他那樣人，為什麼從事這種職業？

有人認為拉瓦錫家族有錢，這樣做是貪財；也有人認為拉瓦錫是想多賺一點錢，籌足研究經費，因爲化學實驗在當時是屬於自己興趣的範疇，沒有人會特地捐贈經費。又或者是拉瓦錫自小生長在富裕家庭，根本不明白窮人生活的悽慘。眾說紛紜，沒有一個特定的結論。

不過，不可否認因爲經濟富裕，所以拉瓦錫才有能力建造一個在當時號稱歐洲第一的實驗室，隨心所欲地進行各種實驗。

成功者的執著往往以冷酷的性格呈現，拉瓦錫的人生觀正是：「爲了達到目的，不擇手段。」

實驗做得好，但是，爲了取得經濟來源，拉瓦錫走上一條十分危險的道路。

由於這工作的關係，拉瓦錫在金融業、政治界也相當地活躍，譬如參與了度量衡的統一、養老年金、稅制改革、農業改革等等。所以拉瓦錫也是一位傑出的政治家、律師、財政家、農學家。

然而，法國大革命爆發，革命之火延燒，在激進的革命黨人眼中，爲路易王朝效命的徵稅業者是不可原諒的舊制度象徵，是首要清算鬥爭的對象，這樣的藉口與理由，把史上不可多得的天才拉瓦錫送上審判台。

拉瓦錫曾辯說：「我與政治無關，我所有的收入都花在實驗室上。我只是個科學家。」

革命黨的指揮官答：「共和國不需要科學家。」

一七九四年五月八日，早上拉瓦錫接受審判，下午便被送上斷頭台。

法國名數學家拉格朗奇說：「要砍掉拉瓦錫的頭只需要片刻，但要生出那樣的腦袋，卻需要百年以上。」事實上，恐怕百年也難再有。

伏特

發明電池的傑出物理學家

（Alessandro Giuseppe Antonio Anastasio Volta，一七四五～一八二七）

電的滋味

伏特大概是世界上第一個嘗到「電的味道」的人，他將一枚金幣跟一枚銀幣分別放在舌頭不同的部位上，再在上面放上銅絲，當銅絲放上錢幣之時，他感覺到滿口酸苦，原來這就是電的滋味。

伏特大概也是第一個看到電的人，他把兩根不同材質的金屬棒用銅絲將兩端連接起來，把其中一根金屬棒插在嘴裡，另一根跟眼皮接觸，在那一瞬間，他觸到電波顫動。

沒事電自己，你覺得伏特無聊嗎？還是發神經呢？做這種奇怪的事？原來這都是伏特做電學實驗的一部分，他的發現甚至是當時科學的一大突破。

生平小記

一七四五年，伏特出生於義大利北部以湖水優美聞名的柯莫城（Como），家境貧窮，可是是個受人尊敬的家族，因為他的父親是牧師。他的兄弟姐妹，大多都從事神職。

伏特小時不出色，事實上，伏特說不定也是「愛因斯坦症候群」的患者。所謂「愛因斯坦症候群」正是國外語言治療專家近年來致力研究的特殊族群，他們是遲語兒中的特例，就像愛因斯坦，資質聰穎卻慢說話。而這樣的患者也像愛因斯坦一樣，常被貼上「自閉症」或「注意力欠缺症」的標籤。

一般小朋友開口說話的時間大約在九到十八個月，小時候曾被人認為有自閉症的愛因斯坦，遲至三歲多才學會說話。伏特更遲，到了四歲時才會說話，家裡人還以為他是智力遲緩的啞巴。

一直到七歲入學以後，各種表現逐漸趕上其他孩子，很快地還超越一般學童的水準。少年伏特對自然科學表現出強烈興趣，十四歲時決心當一名物理學家，十七歲已經拿到大學學位，回到故鄉科莫城的公立中學當教員。

對電著迷

伏特對「能源」一直很著迷，一七七五年，發明了「起電盤」。這是一種利用摩擦就可以產生靜電場的裝置，這東西沒有直接的使用價值，甚至被人認爲是沒有用處的發明物。一開始伏特設計「起電盤」用來教學，沒想到從這當中發現了許多電學上的原理，其中最重要的是發明了發電機和驗電器的構成體，也就是今日我們稱的「電容器」。

一七七八年還發現沼氣可以利用，並且分離出甲烷。另外發明可以研究氣體燃燒時容積變化的氣體燃化計，測定了空氣膨脹係數。

伏特的許多研究工作這時多已被認同，聲勢日上，一七七九年，巴維亞大學邀聘爲自然哲學教授，一七九五年成爲該校校長。一方面他喜歡教學的工作，一方面這個工作也可以讓他繼續他的研究工作，所以他在教職的時間達四十年之久。

這中間他的榮譽不斷，一七八二年被選爲法國科學院的外國院士，一七九一年被選爲英國皇家學會會員。一七九四年，由於在電學、化學上的貢獻，他獲得科普利獎章。

一生中傑出的作品——伏特電堆

一七八〇年，義大利波隆納大學的解剖學教授賈法尼（Luigi Galvani）發表一篇實驗報告，內容是他把銅針插入青蛙腿部，解剖刀插入青蛙腿部的另一部分，當刀柄跟銅針的另一端接觸時，在沒通電的情況下，沒生命的青蛙腿也會發生痙攣的現象。他做了許多次實驗，結果都一樣。

經過十年的研究，在一七九一年發表成果，他的結論是：「動物本身帶有電。」賈法尼一直認爲這是一種由動物本身的生理現象所產生的電，稱爲「動物電」，因此開發了一支新的科學「電生理學」的研究。

賈法尼的實驗報告震驚許多科學家，其中，當時在義大利巴維亞大學擔任物理學教授的伏特，在潮流中帶著質疑的想法，反覆重做賈法尼的實驗，仔細觀察後，判斷電並不是發生於動物組織內，而是由於金屬或是木炭的組合而產生。

於是伏特完全不使用動物的組織，改用不同的金屬相接觸，使用萊頓瓶及金箔檢電器進行實驗，發現在接觸面上會產生電壓，稱爲接觸壓。這種裝置可以同時用不同的幾種金屬，提高實驗效果，但是無法產生連續不斷的電流。

伏特同時注意到賈法尼的實驗也是使用不同的金屬，而實驗中的青蛙腿可以看作一種潮溼的物質，所以就使用能夠導電的鹽水液體代替動物組織試驗，最後因此發現了電池原理，做出伏特電堆與伏特電池。

一八〇〇年，伏特完成一生中最傑出的作品——伏特電堆。這便是電池的前身，當時製造出能穩定而且持續輸出的電流，使他的名聲登峰造極。

謙虛的伏特

法國皇帝拿破崙原本就喜歡學者，觀看伏特的實驗表演之後，大為驚喜，認為這是項跨時代的發明，授予他一枚紀念金質獎章，六千法郎的獎金，還封他為倫巴迪伯爵。

伏特則非常謙虛，他說：「是賈法尼發現了兩種不同的金屬能產生電，是命運以賈法尼的手推動了事情的發展，是他發現了電池，他本人並未覺察到這一點。但這個裝置應該叫賈法尼電池。」

一八〇四年，六十歲的伏特想要退休，但拿破崙不同意，只要他每年演講一次就給予他全薪，如此十四年，直到一八一九年，伏特七十四歲高齡才正式退休，回到故鄉安享晚年，於一八二七年三月五日在科莫城逝世。

伏特的發現開拓了電學的新領域，突破電磁學的瓶頸；而且科學家很快地使用伏特電池，把水中的氫氧分解，做各種實驗，使得科學得以迅速發展，為了紀念伏特的貢獻，國際電學會議在一八八一年通過把電壓的單位命名為「伏特」。

道爾頓

建立原子論的偉大科學家

(John Dalton，一七六六～一八四四)

色盲的科學家

道爾頓二十六歲那年的聖誕節，買了一雙深綠色的溫暖羊毛襪送給母親。

母親困惑地說：「約翰，謝謝你送給我的禮物。但是，難道沒有比這更適合我的顏色了嗎？」

「媽，你仔細看看。」道爾頓指著剛買來的襪子說：「這不是你最喜歡的綠色嗎？」

母親搖搖頭說：「這雙襪子明明是紅的，你還說是綠色？」

母子倆爭執不下，道爾頓便把哥哥叫來作證，哥哥說：「媽媽，這是綠色的。」

道爾頓高興地對母親說：「媽，哥哥也說是綠色的。」

母親怎麼看都是一雙紅襪子，拿著襪子去問鄰居，鄰居們隨便看一眼都說：「襪子是紅色的。」

自己的眼睛居然分不清楚紅色和綠色！這件事引起道爾頓的困惑。

道爾頓開始研究自己的眼睛，發現那是「遺傳性紅綠色盲」，並寫下關於色盲的論文，成爲第一篇科學上討論色盲的文章，引起世界各國的重視，英國人還把色盲症稱爲「道爾頓症」，作爲紀念。

生平小記

道爾頓出生在英國貧困的鄉村，他的父親是紡織雇用工人。當時正值第一次工業革命初期，很多破產農民早已淪爲雇用工人。道爾頓家的生活十分困難，一對弟妹還因爲飢餓和疾病夭折。

童年沒有讀書的條件，只是勉強接受一點初等教育，十歲時，因緣際會下爲一個富有的教士當僕役，在教士家裡工作閒暇有機會讀書，十二歲時，竟然在穀倉辦了一所「小學」，自己充任老師、校長，這所穀倉「小學」維持了兩年多。

一七八一年，十五歲的道爾頓隨哥哥到外地謀生，成爲肯達耳中學的教師。在教學之餘，他很努力地自修自然科學。

在這裡他結識了當時著名的學者豪夫（Johann Hauf），從豪夫那裡學習了很多學問，四年以後，成爲肯達耳中學的校長。

認識豪夫改變道爾頓的一生，豪夫是個眼盲的學者，他的觀察力與判斷力很敏銳，對啓蒙道爾頓有很大的影響，他們在附近山上架設了一個觀測站，不管颱風下雨，道爾頓堅持天天進行氣象觀測，天天記錄氣象觀察日記。五十七年從未間斷，先後記下了二十萬次的筆記。

建立原子論

在今天科學如此進步的時代，回頭檢討道爾頓的「原子論」，似乎有點陳腐無趣。不過，這位兩百多年前的科學家，是如何掀動二千多年來不斷被提起而沒有解決的問題？進而成爲現代化學里程碑呢？

一八〇八年，道爾頓寫的《化學哲學的新體系》問世，是近代化學史和近代物質結構理論發展史上的大事。當時有人說，道爾頓所以取得成功是因爲他天資聰明。道爾頓則回應說：「我並不聰明，重要的是不屈不撓。」

道爾頓在發現原子論的過程中便是以屢敗屢戰的態度不斷地工作著，原本要做氣體和氣體混合物的研究，在測量氣體的壓力時，他發現氣體定律，更往實驗的深處追蹤後，道爾頓建立了原子論，他頑強地進行研究工作，尋找資料、動手實驗、不斷的思考，因爲他看到其中有一線曙光。

一八〇三年九月六日，道爾頓的生日，這天他公開發表了原子論，要點如下：

（一）、原子是組成化學元素不可再分割的物質微粒。在化學反應之中原子保持其原本的性質。

（二）、同一種元素，所有原子的質量以及其他性質完全相同。不同元素的原子具有不同的質量以及其他性質。原子的質量是每一種元素的原子的最根本特徵。

（三）、不同元素化合時，原子以簡單整數比結合，形成化學過程的化合現象。化合物的原子稱為複雜原子，質量等於組合原子質量的和。

原子論的影響

因為有原子，才有亞佛加厥的分子論，甚至後來分裂「原子」的科學之路。恩格斯曾說：「化學的新時代，是從原子論開始的。」

道爾頓自己並不以原子論創始人自居，他認為：「這是時代潮流的趨勢，由種種實驗觀測，自然歸納出一個能被世人普遍採用的結論，那就是一切具有大小和形狀的物質，無論是流體或固體，都是由於一大群極小的質點，依賴互相吸引的力量而結合在一起。」

道爾頓因為原子論名震英國乃至整個歐洲，各種榮譽紛至沓來。

一八一六年，被選為法國科學院院士；一八一七年，被選為曼徹斯特文學哲學會會長；一八二六年，英國政府授與他金質科學動章；一八二八年，道爾頓被選爲英國皇家學會會員；此後，他又相繼被選爲柏林科學院名譽院士、慕尼黑科學院名譽院士、莫斯科科學協會名譽會員，還得到了當時牛津大學授與科學家的最高榮譽「法學博士」。一八三三年榮獲英皇的年給恩俸，在英國歷史上這是頭一次，從前只限於文學家及歷史學者。

權力與腐化

起初，在榮譽面前，道爾頓開始還能冷靜謙虛；但是後來，榮譽越來越高，他逐漸改變，變得驕傲保守，走向了思想僵化、故步自封。

例如，一八〇八年，法國化學家給呂薩克在原子論的影響下發現了氣體反應的體積定律，實際上這一定律也是對道爾頓原子論的一次論證，後來也得到了其他科學家的證實並應用於測量氣體元素的原子量。但是給呂薩克定律卻遭到了道爾頓本人的拒絕和反對，他不僅懷疑給呂薩克的實驗基礎和理論分析，還對他進行嚴厲的抨擊。

一八一一年，義大利物理學家亞佛加厥建立了分子論，使道爾頓的原子論與給呂薩克定律在新的理論基礎上統一起來，也遭到了道爾頓無情的反駁，使這個學說沉睡了五十年之久。

一八一三年，瑞典化學家貝齊力伍斯創立以字母表示元素的新方法，這種易寫易記的新方法被大多數科學家接受，而道爾頓一直到死都是新元素符號的反對派。

一八三七年，道爾頓七十歲，曾經中風，好轉以後，依舊天天到實驗室去。從他這時候的工作日記看來，心力已大不如前。然而他不服老，還把工作論文送到皇家學會，董事們顧及他的名譽，不打算發表。沒想到倔強的道爾頓，自己出錢把論文印成書籍。

一八四四年七月二十七日早晨，道爾頓回到書房，打開五十七年來從未間斷記錄的氣象觀察日記。才寫下「微雨」就把筆放下了，他的管家看見他的手抖得非常厲害，「微雨」寫得不成字樣。想不到這竟是他最後的遺筆。

回顧道爾頓的一生，完全獻給了科學，雖然道爾頓的後半生對科學貢獻不大、甚至阻撓他人對科學的探索，人們還是給他深切的懷念。道爾頓過世時，遺體移入市政廳公祭三日，前來致敬者有四萬多人。

歐姆

發現歐姆定律爲電學開拓光明大道

(George Simon Ohm，一七八七～一八五四)

一篇使歐姆丟掉工作的論文

在德國柯隆的耶穌學院裡，教師喬治．歐姆默默工作了十多年，他一直希望能夠當上大學教授，可是要成爲大學教授必須發表偉大而且有價值的著作。

歐姆研究多年的電學，他也發表許多論文和實驗報告，不過都是一些零星的文章，沒有引起人們的注意。一直到他發表了一篇長達兩百五十頁的論文，題目是《電流的數學測量》。

這篇論文在現在看來是一篇偉大的著作，可是在當時卻沒有引起科學家的注意。更糟糕的是一位教哲學的教授不但批評歐姆的作品毫無意義，教育部長聽了這篇批評之後，居然說：「一個教科學的教師，寫出這樣的東西，證明他沒有教學的能力。」使得歐姆只好辭去教職。

歐姆以爲這篇論文一出版可以讓他得到教授的職位，卻沒有料到這篇論文不但使他丟了工作，還有更多人對他進行抨擊，認為一名普通的教師不可能有什麼重要發現，把他的論文說成是純屬空洞的臆造，毫無觀測事實的根據。

歐姆離開教職後，失望地在貧困和憤世不平的感慨中過了整整六年。

他的才華與努力不但未被欣賞，還被落井下石，最輕視他的甚至是他自己的祖國。

生平小記

一七八七年三月十六日，歐姆出生於德國巴伐利亞州的愛南根。歐姆的祖先都是鎖匠，他的父親也是。

父親的想法深深影響歐姆的少年時期，父親是一位技術精湛的鎖匠，愛好哲學和數學，他憑著自己的手藝，在德國和法國四處旅遊，見識不俗，滿心希望自己的孩子能受到科學教育。

因此，歐姆就在父親的影響下，從小學習數理，同時也跟父親學習鎖匠的技術，這些都為他後來從事的科學實驗打下了基礎。

十六歲的歐姆進入家鄉的愛南根大學讀書，但是因為經濟困難，曾經三次休學。

十八歲那年，經人介紹到瑞士的一所小學去當教員，校長一看到他的時候，失望的表情明顯地表現在臉上，因為年輕的歐姆看起來很瘦小、很衰弱。但是，沒多久，歐姆的熱心跟教學能力，讓校長也不禁佩服。

歐姆一邊教學生，一邊研究數學及科學，三年後，他有了積蓄，才又回到愛南根大學，直到一八一三年得到了數學博士學位。之後留校任教，教了三個學期的數學，因收入不多，不得不去班堡中等學校教書。

一八一七年他出版了第一本著作《幾何教科書》後被科隆的耶穌學院聘請爲數學、物理教師。

歐姆的生活安定以後，開始專心研究電學，研究電在導體上流動的各種問題。

歐姆有才華、有科學抱負，可是由於他長期擔任中學教師，缺少研究資料，沒有資金和儀器，也沒有志同道台的同行交流經驗，給他的研究工作帶來不少困難，不過，歐姆從小受父親的影響，耳濡目染之下，他有很強的動手能力，在孤獨與困難的環境中始終堅持地進行科學研究，自己動手製作了許多實驗儀器。

電是會消耗的？

電流是個令人捉摸不透的東西，看不見，摸不著，該從什麼地方下手來研究它呢？

歐姆從傅立葉發現的熱傳導規律得到啓發，注意到電流在電線裡流動的過程，電流強度會一直減弱，而且電線會發熱，似乎不同的電線有不太一樣的情況，當時沒有人觀察這樣的問題，也找不到說明，於是，歐姆決定研究電流在導體中流動的問題。

就像要量溫度，要準備溫度計；要研究電流，也必須有檢驗電流的儀器。

歐姆使用過很多方法，測量電流強度，但是都得不到精準的結果。後來，他研究許多電學資料，得出以電流磁效應再結合庫侖扭秤的方法創造出一種檢驗電流強度的儀器。

有了電流檢驗器，歐姆想到不同材料的電線傳輸能力不一樣的問題，所以他將各種規格的材料做成長短粗細不同的規格，有相同直徑相同長度的；有相同直徑不同長度的；還有相同長度不相同直徑的導體等等。

實驗時，歐姆把各種導線分別接在電堆上，再檢驗電流，從大量的實驗數據中計算比較，他歸納出有關導體導電率的種種結論，也導出我們現在還在使用的電流公式。

電流公式，不但適用在所有的交流電路，而且沒有例外。然而這篇偉大的研究成果卻被忽視，還使他經濟陷入困境，精神抑鬱。

東山再起

幸好六年後，時代變遷，隨著研究電路工作的進展，人們逐漸認識到歐姆定律的重要性和科學性，歐姆本人的聲譽才大大提高。

直到一八三三年，巴伐利亞的國王魯特威根一世協助歐姆在紐倫堡工藝學校謀得一個教授的職位。一八三五年歐姆回到他家鄉的愛南根大學兼任數學系主任。一八四一年英國皇家學會授與他科普利獎章，並於一八四二年吸收他爲會員。直到一八四九年他自己的祖國才給予他榮譽，慕尼黑大學聘任他爲物理學教授。

歐姆定律的發現，使電路理論成爲一門精確的科學，也爲電學開拓了一條新的光明大道。爲了紀念歐姆爲電學發展做出的重大貢獻，後人將電阻的單位定爲「歐姆」。一八八一年的國際電機工程師會議上，爲了紀念電學上的三位開拓巨人：法國的安培、義大利的伏特、德國的歐姆，便把這三巨人套進歐姆定律，用方程式表示爲：$I=E/R$；也可以寫成中文：安培＝伏特／歐姆。

受到拿破崙推崇的電學之父 法拉第

(Michael Faraday，一七九一～一八六七)

拿破崙也推崇的科學家

今天你用過哪些家電？電燈、電風扇、收音機、電視、烤麵包機、電冰箱、冷氣機和洗衣機？你可知道，生活能夠如此便利該感謝誰呢？

答案是電學之父——法拉第，法拉第做過無數的科學實驗，並且有許多重要的發現，其中特別讓人津津樂道的是他留給我們的電動機和發電機。

電動機原理不僅安置在各種電器設備上，直到今日，發電機還使用在胡佛大水庫、尼加拉瓜大瀑布和其他各大發電廠。

他的卓越在於創造歷史。

「當我讀到您在科學上的重要發現時，我深深地感到遺憾，我過去的歲月實在浪費太多在無聊的事情上。」這封信，寄自太平洋上的一個孤島——聖赫勒拿島。收件人是法拉第，而寄信的人是一個犯人，名叫拿破崙。

拿破崙只是其一，在過去許許多多的歲月中，有太多人曾經推崇過法拉第，美國學者麥可．哈特在《歷史上最有影響力的一百人》中，將法拉第排在第二十八位，位居各電學家之首，這不是偶然巧合，哈特甚至稱法拉第爲「無與倫比的實驗物理學家」，還稱讚他人格高尚，不慕虛榮，充滿創造力。如果說他只有國小畢業，你相信嗎？

生平小記

一七九一年，法拉第在英國出生，父親是一位鐵匠，鐵匠的工作很耗費體力，可是父親的健康情形不好，因此收入僅夠維持一家的溫飽。

因爲家境緣故，小學畢業後，法拉第到雷伯先生的書店學習釘書，成爲一名釘書匠。他是個聰明的孩子，他把握時間，利用客人還沒來拿訂好的書之前，趕快閱讀那本書，有時候裝訂多的書，雷柏先生也准許他留一本下來閱讀。這些書的範圍很廣，從藝術、科學、植物、橋樑建造、甚至是疾病介紹，各式各樣的書都有。

法拉第曾說過，在他閱讀的書中，由薩華茲博士所著的《悟性的提升》影響他一生的治學態度。書上說的話他一直記在腦中，比如：作個人的筆記、持續的上課、找讀書的同件、仔細觀察和精確的用字等等。

法拉第在七年的釘書生涯，研讀許多科學方面的知識，他特別喜愛電學、化學方面的書籍。平時生活節儉，只爲了省下一點生活費，而這些錢他都拿去買實驗的器材，再照著書中說明做實驗。

一八一〇年，英國皇家學會最負盛名的科學家戴維，在當地連續作四場演講，講題是「自然哲學」，也就是現在所謂的「科學」，當時法拉第也去聽演講，並且做了完整的筆記。

當時法拉第已經不能夠滿足釘書這樣的工作，他寫了一封信給戴維，表達自己對戴維敬佩之意，而且希望戴維能幫他介紹實驗工作，爲了戴維相信自己的能力，法拉第在信裡附上他去聽戴維的演講筆記，做爲他專心聽講的證據。據說這份三百八十六頁的筆記現在仍保存在皇家學院。

偉大的科學家，怎麼會肯花時間爲一個莫不相干的釘書匠回信呢？可是大概是被法拉第的筆記感動，也或者是正好缺人手，戴維回信了，而且他還邀請法拉第到實驗室擔任儀器管理的助手，法拉第由此進入科學之門。

進入科學之門

起初，法拉第的工作僅是保管實驗用的儀器，清理、整理實驗室。沒多久，由於法拉第認眞積極的表現，正式被戴維升爲實驗助理。

因爲發現了鈣、鎂、鈉、鉀等十五種元素，戴維被公認爲偉大的化學科學家，後人更稱他爲「無機化學之父」。

人們常恭維他發現了那麼多種元素，到了晚年時，他說：「我一生最大的發現，是發現了法拉第。」的確，沒有戴維，化學元素還是會被發現；可是沒有戴維，或許就不會有日後的法拉第。

事實上，在法拉第尚未出名前，戴維和他的夫人，對法拉第並不好。到歐洲考察科學期間，法拉第被要求隨行，職位是戴維及其夫人的助理。

戴維夫人爲了顯示自己的高貴，把法拉第當作僕人使喚。可是，法拉第不把這些刁難放在心上，也或許是從小家境貧窮的鍛鍊，使他的心志堅強，所以他早已經習慣於他人的刁難。

這趟歐洲之旅，進行了十八個月，一路上法拉第聽取戴維介紹各國的各種科學知識，眼界大開。他還見到了許多著名的科學家，例如安培、伏特、阿拉戈、給呂薩克等。他的好友曾說，這趟歐洲之旅相當於讓法拉第完成大學學分。

法拉第的科學活動很驚人，他從歐洲大陸旅遊回來後，幾年內不停地致力化學分析，並在皇家學院擔任助手工作，任職實驗室主任、事務主任等職位，其中包括協助戴維。

他從一八一六年開始發表論文，一八二七年他回絕倫敦大學聘任化學教授的邀請，一直在皇家學院工作。

一八六〇年前後，法拉第的研究活動告一段落時，他的實驗筆記已達到一萬六千多條，也就是他已經做了一萬多次的實驗。他仔細地依次編號，分訂成數卷，在這裡法拉第快樂地顯示了他過去當裝訂工時學會的高超技能。這些筆記以及其他在裝訂成書以前或以後的幾百條筆記，都編成書出版，便是他凝聚畢生心力的三卷鉅著《電學實驗研究》。

個性正直，淡泊名利

法拉第有許多發財的機會，可是由於他淡泊名利，為人質樸，待人熱情，性格正直，他從不為金錢或是虛名而販賣科學、變賣自我。

然而，多年以後，法拉第不知道會不會後悔自己的老實？因為老實，他與恩師戴維交惡。

有次，有人請戴維改善礦工用的安全燈，因為關係到許多礦工的生命，所以這是項很有意義的工作。法拉第著手研究這個問題後，提供戴維許多聰明的建議，第二年，他們所改良的安全燈就在地層底下運作了。

可是，法拉第在訪問當中卻老實說出這種安全燈並非「絕對安全」，使得愛名的戴維惱火不已。

忌妒之火可以燎原，法拉第的才華逐漸引起眾人的重視，也引起恩師的妒忌。

又一次，法拉第發表一篇氣體變成液體的的化學實驗論文，他將論文送往皇家學會評核，戴維看到論文後，加上一些註解，表示自己曾經參與論文的實驗。法拉第沒有異議，於是這篇論文在學會中宣讀，但是戴維卻無法容忍，這個他自己提拔的法拉第，居然得到眾人的重視。

而當有人提議讓當時前途無量的法拉第成爲皇家學會會員的時候，戴維堅決反對。然而投票的結果，只有一張反對票，於是法拉第順利地成爲皇家學會會員。

一八二一年開始，法拉第開始研究電與磁的相互作用，最後還發現馬達的原理，確立製造馬達的基礎。

但是，法拉第的電學研究完成後，毀謗的耳語竟然莫名出現：「只有小學畢業的無知者。」、「愛抄襲的研究員。」讓他十分難過；而知道他電學實驗的人很少，散播黑函的來源有限，法拉第後來發現所有事件的幕後黑手竟然是……

種種攻擊沒有打倒他，可是，當他意識到流言的起頭是他的恩師戴維時，法拉第確實消沉一段時間。

這段時間他改而做其他的實驗，直到打壓他的戴維等人去世，法拉第才再大規模地做電磁研究。

因爲曾經被落井下石，所以後來他幫助許多年輕上進的科學家，像是舉世聞名的電磁學大師麥克斯韋；提出絕對溫度、熱力學三定律的凱爾文、焦耳等人，都直接受到法拉第的協助和影響，而有了重大的科學貢獻。

思想的枕頭

法拉第把工作擺在第一，立志單身，最幸運的一件事，大概是二十七歲那年，遇到年輕的莎拉，莎拉是他好友的妹妹。

婚後，莎拉成為他的精神支柱，對他的生活幫助很大，成功的男人背後一定有一雙溫柔的手。莎拉用她那雙溫柔的手，全心全意支持法拉第的一切，她接受他淡泊的個性，接受他致力從事科學研究的精神，幾次法拉第放棄致富的機會，她都表示認同，莎拉曾經如此表示：「雖然科學對他來說，是無比扣人心弦和興奮，而且時常使他睡眠不足，但是我卻滿足於做他思想的枕頭。」

而法拉第的回報是：他把各處得來的榮譽獎狀、證書等等記錄都收在一個盒子裡，在盒子外面他寫著一段話：「在這些成績記錄和重要事件當中，我謹記下一件事情的日子，作為榮譽和幸福的源泉，這件事情的重要性遠超過其他事情——我們是在一八二一年六月十二日結婚的。」法拉第夫婦終身無子，兩人恩愛扶持，直到老年時，法拉第都還寫情詩給莎拉。

十九世紀全球三大思想巨人之一 達爾文

（Charles Robert Darwin，一八〇九～一八八二）

進化論扭轉生物學發展

達爾文的進化論學說在時代巨輪的轉動之下，像宗教信仰一樣席捲世界改變人對天地的看法。

可是有人贊同，也有學者批評，因為不管是進化論或是創造論都不能完全解釋萬物存在的原因，而且達爾文的理論只不過是項觀察推理的假設，而不是實驗的事實。

這世界還有太多奇妙的未知事物。不可否認的是進化論扭轉了整個近代生物學的發展方向，對後世影響極為深遠；達爾文也因此與馬克思及佛洛依德齊名，被譽為「十九世紀全球三大思想巨人之一」。

「達爾文」甲蟲

一八二八年的某一天，在倫敦郊外的一片樹林裡，有一位年輕人圍著一棵老樹打轉。突然，他發現在將要脫落的老樹皮下，有蟲子在蠕動，便急忙剝開樹皮，發現裡面藏有兩隻奇特的甲蟲，正急速地向一旁逃竄。

這年輕人馬上一手捉住一隻，興奮地觀察起來。就在這時，樹皮裡又跳出一隻甲蟲，年輕人措手不及，又不想放過第三隻，迅速把右手裡的甲蟲放到嘴裡，伸手捉向第三隻甲蟲。

沒想到這時，嘴裡的甲蟲感受到威脅，放出一股辛辣的毒汁，把這年輕人的舌頭螫得又麻又痛，趕緊張口把牠吐出來，結果第三隻也跑掉了。

看著手裡這奇怪的甲蟲，年輕人愛不釋手，不顧口中的疼痛，得意洋洋地往劍橋大學方向走去。

這充滿好奇心的年輕人就是查理·達爾文。後來，人們爲了紀念他，便將這種甲蟲命名爲「達爾文」。

生平小記

一八〇九年二月十二日，達爾文出生在英國的史魯斯伯里。祖父和父親都是當地的名醫，家裡希望他將來繼承祖業，十六歲時便被父親送到愛丁堡大學學醫。

達爾文從小就喜歡大自然，喜歡打獵、採集礦物和動植物標本。進到醫學院後，他原本是很有興趣的，因爲要學習醫學必須學習很多人體的知識，但是當時的外科還停留在放血的觀念，而達爾文一見到血就發昏，後來認清自己不可能從醫，於是休學了。

在別人眼中達爾文是個家境富裕、遊手好閒、不務正業的年輕人，所以父親在失望又恨鐵不成鋼的心情之下，再將十九歲的達爾文送到劍橋大學學神學，希望他將來可以成爲「尊貴的牧師」。

當時，科學尚未完全啓蒙，即使達爾文有宗教信仰，可是神學院的課程崇尚神的宗教論，不能吸引達爾文，因此他把大部分時間用在聽自然科學講座，自學大量的自然科學書籍，繼續收集動植物標本，對神秘的大自然表現出濃厚的興趣，同時也在這裡遇到改變他一生的博物學家韓斯洛教授。

一九三一年，達爾文從劍橋大學畢業。

達爾文的畫像

小獵犬號的博物探險

達爾文放棄了牧師職業，依然我行我素地熱中自然科學研究。

一九三一年十二月，英國政府組織了「小獵犬號」（The Beagle）軍艦的環球考察，達爾文經劍橋大學韓斯洛教授推薦，以「博物學家」的身分，自費搭船，開始了漫長而又艱苦的環球考察活動。

隨英國海軍探測船艦「小獵犬號」環球航行五年，達爾文也暈船暈了五年，即便如此，達爾文每到一處總是認眞地進行考察研究，採訪當地的居民，請他們當嚮導，爬山涉水，採集礦物和動植物標本，挖掘生物化石，發現了許多沒有記載的新物種。白天蒐集各類岩石標本、動物化石，晚上又忙著記錄蒐集經過。剛開始船長覺得他只是個紈袴子弟，可是看到他如此積極地從事觀察與記錄，連船長也佩服了起來。

後來，達爾文將這許多發現記錄於《物種起源》書中出版。

書中記載：他發現不同島嶼的鳥雀有不同形狀的鳥嘴，A島的雀鳥都吃昆蟲，嘴喙呈修長形；B島的雀鳥專吃種子，嘴喙較寬短。

而這些雀鳥都是在太古時代，從南美大陸來到這裡，剛開始時有很多種嘴形，最後配合各島的生活而固定，覓食最容易的鳥嘴形才能存活繁衍，這便是自然選擇的適者生存。

達爾文也曾經爬上高山，在山裡發現地層中有許多貝殼化石，因而聯想到環境的變化對物種的影響。甚至在考察中遇到大地震，讓他對環境的看法再度改觀，這是長久住在英國的他，沒有過的經驗……。

蟄伏已久

一八三六年，歷經五年的長途旅程，達爾文回到了英國，這時的他腦袋裡裝滿許多奇特的想法，他早把神學院裡神造世人的灌輸丟到一邊，也把之前生物學上物種不變的觀念拋去，但因爲觀察結果始終只能推論，難以證實，所以他並沒有立即將有關物種演化的理論整理發表出來，只是將他的理論透過書信、言談，告訴一些好友，因爲他希望能蒐集到更多的佐證，將理論建構得更完整。

直到一八五八年一位年輕的科學家華萊士，寄給達爾文一篇論文，論文的內容竟和達爾文長期以來的研究論點不謀而合。

達爾文很快地寫了封信給華萊士，兩星期後在林奈學會上發表兩人的論文，但是華萊士接到通知信時已經是三個月後的事了。

華萊士研究四年的結果居然跟達爾文二十多年來的結果與論點一樣，這個學術勁敵的出現，迫使達爾文以迅雷不及掩耳的速度，在一八五九年將進化論的精華彙集成《物種起源》出版成書。

在學術界中，拔得頭籌是很重要的，後到的只是炒冷飯，拾人牙慧而已。不過雖然有人認爲達爾文使用手段，但是如果沒有長久以來腳踏實地的基礎以及不斷整理龐大的資料，他也不可能在短時間之內出版著作。

或許眞要感謝華萊士的論文，因爲他的論文架構讓達爾文可以把二十多年來堆積如山的資料建構起學說的骨幹，也或許是達爾文的資料太多太繁雜，才使得他一直無法順利完成理論。

《物種起源》發表後轟動歐洲，神創論受到挑戰，達爾文被許多衛道人士攻擊爲妖言惑眾，但是不可否認，他的理論在可印證的層面上是正確的，也影響了後來生物學發展研究的方向。

當代的人難以接受達爾文的理論並畫了漫畫藉此諷刺。

一八八二年四月十九日，達爾文七十三歲時，因心臟病發作逝世，葬於西敏寺墓地，人們把他的遺體安葬在牛頓的墓旁，以表達對這位科學家的敬仰。

孟德爾

近代遺傳學的創始者

（Gregor Mendel，一八二二～一八八四）

寂寞的科學家

「龍生龍，鳳生鳳，老鼠生的兒子會打洞。」即使沒有實驗或是任何理論，人們都知道子代會繼承父代的特徵，但是爲什麼呢？

正是「遺傳」，可是在十九世紀之前，這兩個字根本是很難說明白的，直到孟德爾做出一系列的遺傳學研究，才有了遺傳學的開端，而一直到今日，這門學問早已成爲科技顯學。

孟德爾在科學上是寂寞的，即使他對自己的成果很有信心，就像藝術家梵谷一樣（Vincent Van Gogh）。梵谷死後，留下了近九百件作品，五百多封給弟弟的信，及一百多封給朋友的信。這些遺物早已是收藏家的搶手貨，然而誰能了解梵谷生前只賣出過一幅畫的心情？一生窮苦靠弟弟救濟，到死後方被捧爲國寶，又能如何？怨嘆老天不公嗎？

近代遺傳學的創始者，孟德爾也是一位寂寞的科學家，他除了是第一位將遺傳概念引進生物學的學者，還以統計方法分析實驗結果。可是他研究八年的論文在發表後完全不被重視，直到他死後三十四年才被後人再度打開，重見天日，而這一影響便直到今日。

生平小記

孟德爾的父親是一位貧窮的農夫，住在奧地利莫拉維亞村，現在是捷克的一部分。小時候，孟德爾很早慧，也很喜歡讀書，孟德爾的家庭雖然很窮，但他們非常節儉，設法讓孟德爾上學，一直唸到大學預科。

後來，由於經濟上實在不允許，孟德爾為了想要繼續求知，經由物理學教授佛朗茲博士推薦，在二十一歲時進入布隆的修道院成為見習生。

孟德爾做了個明智的選擇，他在修道院很快樂，不再需要擔心生活，更重要的是可以繼續唸書。與他同修的僧侶都很友善，並且有才智，話題天南地北、活潑有趣，從宗教談到文化藝術和科學。

一八四七年，二十五歲的孟德爾授命為神父。

一八五一年，因為他對科學有興趣，教會派他到維也納大學修習物理、數學和生物學等自然哲學。在維也納大學的學習對他的科學啟蒙有重要的影響，當時學潮以達爾文的進化論最為風靡，他在閱讀《物種起源》之後，想要證實達爾文進化論的想法一直在醞釀著，因為進化論一直只是推論，難以被證實，孟德爾想要挑戰解決進化論的困境。

八年豌豆進化論實驗

畢業後，他回來到布隆的學校，做了一陣子教師的工作。

後來取得修道院院長納普的同意，他在教會建築裡不大的中庭進行他的進化論實驗，這個中庭長約二十公尺，寬約十五公尺，面積大小約只有九十坪。

自一八五六年到一八六四年，孟德爾在這裡做了八年的實驗，總共栽種採集了一萬二千九百八十個豌豆的雜種樣本，加以分類統計分析，引出遺傳法則。

在實驗設計中，發現顯、隱性的基因關係，從紛亂的自然現象中歸納出系統邏輯的真理，這是很了不起的才華與努力。

例如，豌豆有許多不同的特徵，孟德爾分出欲觀察的七大特徵，分別是成熟種子的形狀、子葉的顏色、種皮的顏色、成熟重莢的形狀、未成熟豆莢的顏色、花的位置、莖的高度等。

這些條件特徵或許並不夠齊全，但是光是配種，在當時已經是很大的工程，而且所得的結論足夠解決孟德爾想要解決的進化論問題，甚至發現意外的成果——「遺傳」。

備受冷落的遺傳律

孟德爾不斷重覆相同的實驗，每次結果一樣，經過八年謹慎耐性的工作，他自信而且清楚地知道：「植物的遺傳根據某些嚴格不變的定律。」當然因爲他不能對人做同樣的實驗，所以對人類遺傳的部分他只能「推論」或許也適用同樣的定律。

因爲對自己發現的新理論感到興奮，他決定把這發現公諸於世。一八六六年，他完成了一篇「植物雜種的研究」論文，將他的分析及數學統計融入證明，並在學會會議中朗讀，但似乎沒人聽懂他的理論，也沒有人提問，他們只是禮貌地喝采，對這篇無名神父的豌豆實驗論文沒人懂，或許也沒人想懂。

一八六九年，孟德爾再發表一篇研究論文，也面臨相同的命運，論文在集會裡朗讀過後，仍然沒人感到興趣，或許認爲沒什麼重要，不久就蒙上灰塵，再無人翻閱和欣賞。

其實，現在教科書將孟德爾的理論以很簡單的方式表達，很容易讓人理解，只是或許當時生物學家不懂得統計那一套方法，所以根本不懂孟德爾在說些什麼吧。

孟德爾受到許多挫折，也覺得失望，但他說：「總有一天，我的時代會來臨。」

孟德爾進行八年的豌豆實驗

之後，孟德爾改而研究昆蟲品種的改良和太陽黑子的研究，一八六九年他當選修道院院長，從此忙於院裡的事務，再無暇研究。孟德爾於一八八四年逝世。

孟德爾的時代來臨

一九〇〇年，由於奇特的機緣，三位歐洲的科學家杜佛里、柯林斯及謝麥克正好分別在研究達爾文的進化論，也分別發現孟德爾三十四年前發表且被遺忘的論文。

他們在一次學會上巧合碰面，意外談論到孟德爾豌豆實驗的話題，驚訝地談到這個實驗的重要性，還把這消息傳送給各地的科學家。於是，在他死後十六年，世人才發現，孟德爾是一位偉大的科學家。

不久，人們發現「孟德爾定律」不但通用於植物，並且適用於動物和人，後來更稱為「孟德爾學說」。他的理論對農夫很有幫助，讓農夫可以配種出品種良好的農作物；畜牧業也可以用同樣的改良法，配種出更堅強健康的牛羊。如今醫學上更應用孟德爾學說，在遺傳學上大放光芒，造福人群。

一九一一年，摩爾根及其助手以果蠅遺傳實驗，證實孟德爾遺傳學的存在，還作出另外兩大重要發現：一是發現基因是在染色體上，二是發現遺傳的基因鏈鎖和互換定律。摩爾根的遺傳學成就不僅具有生物學意義，還有生理學意義，因此得到一九三三年諾貝爾生理醫學獎。

發明狂犬病疫苗的萬事通科學家 巴斯德

（Louis Pasteur，一八二二～一八九五）

萬事通

喜歡喝牛奶嗎？優酪乳呢？或是葡萄酒？這些都跟法國科學家巴斯德的生平有關。

你曾經不小心被狗兒咬傷嗎？到醫院去處理傷口時，一定會挨一劑狂犬病疫苗。狂犬病疫苗也是巴斯德研發的。

聽過炭疽病嗎？炭疽病毒是生物戰備中致命的武器，只要一小湯匙便可殺死數百人。二〇〇一年十月三日美國佛羅里達州發生頭一起炭疽病菌生物戰恐怖事件，後來紐約市也發生一起，恐怖分子至今仍常用電子郵件散布炭疽病菌消息恐嚇人民。炭疽病跟巴斯德又有什麼關係？原來這是種人畜共通的疾病，十九世紀中曾經席捲歐洲畜牧業，法國損失嚴重，也是巴斯德研發出疫苗，解決了當時社會的大問題，更破除許多迷信。

生平小記

一八二二年十二月二十七日，巴斯德生於法國的杜耳（Dole），父親是製造皮革的工人，母親也是聰明的女性。雖然巴斯德的父親沒有受過正規教育，但是他經常充實自己；而巴斯德也在耳濡目染下學習到好學深究的特質。

巴斯德讀書時，成績表現並不特別，但繪畫才華在十五歲時已經相當出色，他很喜歡素描，巴斯德有許多圖畫還保留在巴斯德研究院，看過的人多表示，筆觸中洋溢著天才。

一八四三年夏天，巴斯德進入巴黎高等師範學校，受教於當時發現溴的化學大師督瑪士（J.B.Dumas），受到老師的影響，一頭栽進化學的世界，潛心研究化學。巴斯德在七十歲生日的宴會上曾說：「我在這條實驗科學的道路上，可以沒有犯下重大過失地走過來，完全要歸功於恩師督瑪士的教誨。」

一八四八年，二十六歲，巴斯德發現了旋光性原理，這是當時許多科學家所不能解決的大課題，此原理使他成爲立體化學研究的創始者，也爲後來立體化學的研究開啓了一扇門窗。這篇論文得到英國皇家學會拉姆福德勳章，這年他應聘爲迪約翰大學的教授。

隔年，被斯特拉斯堡大學聘請爲教授。一八五四年，三十二歲，應聘里耳大學理科教授職位。

與酵母菌結緣

在里耳大學期間，有天，里耳地方的釀葡萄酒業者找到他，請求巴斯德爲他們找出釀葡萄酒出現的難題。

原來，他們在釀造葡萄酒時遇上奇怪的問題，酒莫名其妙地產量變少而且很容易變酸，品質不穩定，產品很難銷售。

巴斯德深入研究酒變酸的原因，發現發酵液內有種小生物生長繁殖，正是現在所謂的酵母菌，而在變酸的發酵液中還有另一種生物的存在，也就是乳酸菌。

當時大家普遍相信酒精是由糖發生化學變化而產生，而巴斯德的研究結果顯現發酵的過程不是那麼單純。除了糖，還需要有某種微生物的存在才得以進行，而且是一種不需要氧氣就能生存且可以造成發酵的生物。

巴斯德在眾人的懷疑中不斷地深究，他向世人證明他的理論是正確的，直到今日，有益健康的酵母菌在商店裡都可以買到。

十九世紀之時雖然科學已經啓蒙，但當時的社會還是個「神秘主義」的社會，迷信成分很高。當時，人們相信，被狗咬了以後，災難就會降臨，要驅邪才行，邪惡驅不走，人就會死；蚊子自己會從水裡冒出來；老鼠是從小麥產生的等等，所以巴斯德帶給社會很大的震撼與省思。

另一個釀酒業的問題是：「酒在運送過程中就變壞的問題」。巴斯德利用既有的研究成果進一步探索，發現只要加熱到攝氏五十五～六十度時再迅速冷卻，便可以殺死使酒酸敗的微生物而延長酒的儲存期，治好法國的酒病。

應用至今，現代的食品工業常使用的滅菌法，便是將飲料如牛奶，在遠低於沸點的溫度下加熱再迅速降溫，以避免破壞產品品質並延長儲存期的滅菌方法，正是源自於巴斯德，稱為巴斯德滅菌法。

鵝頸瓶示範實驗

累積了許多研究成果之後，巴斯德向傳統的《自然發生論》挑戰，展示了一個有名的示範實驗。

他利用拉成鵝頸狀的燒瓶進行實驗，將燒瓶內的溶液煮沸，殺死其中的微生物，燒瓶口並未封閉，外界物質如空氣及微生物之孢子等仍可進入，幾天後，溶液中並沒有微生物繁殖；這是因為微生物的孢子雖然可進入瓶內，但卻會滯留在瓶頸，故微生物無法繁殖。若將燒瓶傾斜使瓶頸彎曲之處亦可接觸到溶液，則不久後就會有微生物的繁殖。在重覆多次實驗後，得到的結果證實生物必須來自生物，無法無中生有。

巴斯德的這場示範實驗，很清楚、很有說服力，使得《生源論》很容易得到眾人的認同。

連他的老師督瑪士都大大地稱讚巴斯德的這場實驗，而巴斯德在這之後無論想要說服誰，都貫徹「一百個說明，不如一個明瞭的示範實驗」的精神。

發明各種疫苗

有一天，巴斯德忽然想到，假如食物和液體裏有微生物，可能人和動物的血液裡也有，而引起疾病。法國那時有一種可怕的傳染病，是雞的霍亂，百萬隻雞都病死。雞農請巴斯德幫忙。他開始找可能引起這病的細菌，果然他發現細菌在病雞的血裡游著。

三十多年前，在巴斯德之前，英國科學家金納，預防天花成功的例子，使巴斯德聯想到免疫學的模式，因而有了後來的炭疽病疫苗，救了法國的牛羊工業。進而發明狂犬病疫苗，他的一生中救了無數人的生命。

一八八五年，一位憂慮的母親經由醫生的推薦，抱著九歲的兒子梅斯特走進巴斯德的實驗室，這男孩兩天前被一隻帶有狂犬病的狗咬傷，當時這是無可救藥的疾病，如果沒解藥，梅斯特將會緩慢痛苦地死於狂犬病。

巴斯德檢驗這受傷的男孩，希望能夠救他。許多年來，巴斯德一直想要找出預防狂犬病的方法，他在狗身上做過幾千次不同的實驗，也獲得成功，這是非凡的發現，但他從未做過人體臨床實驗。他敢用狂犬疫苗來治療梅斯特嗎？可能會害死他，但若不試試看，這男孩一定會死。巴斯德很快地決定進行這實驗。

十天過後，梅斯特還活著！他痊癒了！歷史上第一次，狂犬病患者在醫療中被治癒。

同時，還有另一名被狂犬病犬咬傷六天才送來的牧童朱比耶，也被巴斯德的疫苗解救，三十多年來，他一次次地施行奇蹟，無疑地成了法國最著名的科學家，巴斯德送給人類太多美好的禮物了。

一生為民

感激不盡的法國國民聯合捐款成立了巴斯德研究院，獻給他許多榮譽和勳章。名利沒有改變巴斯德，他繼續研究防治疫病的方法，繼續實驗，即使中風不良於行，衰老病臥床上，也是如此。

巴斯德在他的生命快要終結時說：「我虛度一生。」因爲他想到的是很多他本可以做得更好的事。

一八九五年，七十三歲，於睡眠中逝世，這偉大又愛國的科學家，總是想辦法爲人類謀福利和進步。十九歲時，他就曾寫下：「在字典裡最重要的字是：意志、工作和成功。」他實現了。而且，巴斯德至今還跟我們生活在一起，在商店，我們隨時可以購買到新鮮的牛奶，營養的優酪乳，不會變酸的葡萄酒，好喝的啤酒；在醫院，有各種藥品……。

跳躍式思考的電學大師 麥克斯韋

（James Clerk Maxwell，一八三一～一八七九）

電磁波就在身邊

所謂「電磁波」，就是電場與磁場交互作用，而在空中產生的磁波，像波浪一般，一直往前推進。

在日常生活中，我們跟電磁波脫離不了關係，像是陽光、紫外線、紅外線、收音機波頻、電視波、雷達波、X光、行動電話產生的等等，這些都是電磁波。

電磁波的應用很廣泛，但在現代最常被討論的議題是電磁波的危害，有研究主張白血病、癌症等等疾病的罹患率因爲時常接觸電磁波而提高。

但無論如何，電磁波在我們生活中已經不可分割，甚至隨時處於其中。而第一個預言「電磁波存在」的人，便是麥克斯韋。

生平小記

一八三一年十一月十三日，麥克斯韋誕生於英國愛丁堡。他的父親是律師，也熱愛科學。

小麥克斯韋從小就是個超級好奇寶寶，他很喜歡問「爲什麼？」。跟著父母出去玩時，總不停地提出疑問。常常問一些大人也說不出答案的問題，好比「樹爲什麼朝天上長？」、「螞蟻會不會說話？」、「夏天的星星和冬天的星星哪一個多？」、「爲什麼蘋果是紅色的？」、「爲何肥皂泡在陽光下出現出五彩繽紛的顏色？」。

這些奇奇怪怪的問題，讓父親很高興，因爲這表示小麥克斯韋對自然科學感興趣。而且因爲爸爸喜歡動手做各種東西，麥克斯韋從小耳濡目染，也愛好自己動手創作各式物品、玩具。

麥克斯韋的數學才能，是父親無意發現的：小時候，父親叫他畫靜物寫生，畫完時，只見滿紙塗的都是幾何圖形，花瓶是梯形，菊花是大小的圓圈，還有一些三角形表示葉子的。父親因此開始教他幾何學、代數。因此麥克斯韋和數學結下不解之緣，所以他在數學競賽中能奪得冠軍，絕不是偶然。

麥克斯韋未滿十五歲，就寫了一篇論文，發表在愛丁堡皇家學會學報上，論文的題目是討論橢圓和蛋形曲線的機械繪製以及數學公式。據說當他把論文寫好時，連父親都有些懷疑，因爲題目太深了，而他還只是一個十四歲的孩子。父親將論文送給愛丁堡大學的數學教授鑑定，這位教授看完論文，大吃一驚，因他知道只有十七世紀法國數學家笛卡兒研究過這個問題。

教授的同事，懷疑這論文是抄書上的，翻遍近期出版的書刊，都沒有找到類似的論文。教授最後找來笛卡兒的論著對照，發現麥克斯韋得到的公式與笛卡兒的一樣，但運算方法不同且簡潔。這時，他們才相信。

不久，這篇論文在學會上讓人代爲宣讀，因爲會議主持人覺得麥克斯韋太小了。但當會員們聽說論文作者是位中學生時，都驚嘆不已，因爲他們之中不少人連論文都沒有聽懂。

麥克斯韋像

一八四七年秋天，麥克斯韋中學畢業，考進了蘇格蘭愛丁堡大學，專攻數學物理。他是班上年紀最小的學生，只有十六歲，考試名列前茅，還常對課堂上的教授提出質疑，很快就引起同學的注意。

就這樣，麥克斯韋一路學習，大二發表兩篇論文，三年之後，離開愛丁堡並轉學到劍橋大學。

遇上恩師

這段時間，麥克斯韋專攻數學讀了大量的專門著作，可是他讀書不太有系統，在各個領域上跳來跳去。

一直以來，麥克斯韋的跳躍式思考出名的快，朋友們都跟不上，當然無法與他討論問題。而敏捷的思路、濃重的鄉音、口吃的毛病，再加上他愛突然提一些古怪問題，更使人不知所措。可是麥克斯韋驚人的想像力、閃電般的思維力還是讓大家敬佩不已。

幸運的是，這個喜於學習和思考的年輕人在一次偶然的機會，遇上了霍波金斯。

霍波金斯是劍橋大學的數學教授，當他到圖書館借書，一本數學專著不巧被一位學生先借走了，而那本書是一般學生不可能讀懂的，因此教授去詢問借書人的名字，管理員答道：「麥克斯韋。」

當教授找到麥克斯韋時，看見一位年輕人正埋頭作筆記，在本子上塗得五花八門，他的房間裡也是亂糟糟的。霍波金斯不禁開玩笑地說：「如果沒有秩序，你永遠成不了優秀的數學物理家。」

從這一天開始，霍波金斯成了麥克斯韋的指導教授。

霍波金斯培養過不少人才，麥克斯韋在他的指導下，首先克服了雜亂無章的學習方法，且霍波金斯對他的解題每一步運算都要求很嚴。

經過指點，麥克斯韋進步很快，不到三年，就掌握了當時先進的數學方法，成了有爲的青年數學家。霍波金斯曾對人稱讚他說：「在我教過的學生中，毫無疑問，這是我所遇到的最傑出的一個。」

預測電磁波

一八五四年，二十三歲的麥克斯韋對電磁學產生了濃厚的興趣，正好運用數學去解物理學中的難題。

之後數年，麥克斯韋除了其他各方面的研究，總共發表了三篇電磁學論文，建立起經典的電動力學，他從實驗及理論上證明電磁波確實存在，因此大膽宣布自己的推測：「世界上存在一種未被人發現的電磁波，看不見、摸不著卻充滿整個空間，光也是電磁波的一種，只不過它可以被人看見。」

「光是一種電磁波！」這句話現在是常識，在當年則駭人聽聞。麥克斯威只靠數學運算紙上談兵，就做大膽宣言，也難怪當年不信有電磁波的人居多。但他自己卻信心滿滿。有人告訴他有關的實驗結果，不完全成功，他也毫不在意。

不合格的老師

一八五六年，麥克斯韋曾經在家鄉附近的亞伯丁學院（Aberdeen）擔任自然哲學講師，講授物理學。一個好的老師可以讓聽者很快地擷取到知識重點，可以讓學生從授課中感受到知識的魅力，甚至在老師所描述的無涯學海裡優游著。身為老師，如果表達能力不足，很難將自己想要傳授的知識傳達出去，讓學生無趣至極，這個老師甚至已經不合格。

麥克斯韋正是一位不合格的老師，據說是因為他說話快、缺少邏輯、談吐不清。這些因素，使他在教學之前花了不少時間和精力研究教學法，他常把需要學生背誦的內容工整地整理在黑板上，要求學生抄錄筆記，接著再開始唸講稿。

聽起來很有方法，可是每每在唸稿五分鐘之後，他就開始脫稿解釋，他的思想天馬行空，到處飛翔，不斷地談論著腦海中閃現的想法，邊說邊畫，最後變成自言自語，自己講得很興奮，可是講課的內容往往連最優秀的學生也無法理解，為此他感到很苦惱，時時要求自己要注意、要改進。

這天，麥克斯韋在學校的小樹林內練習講課，邊講邊比手畫腳，引起一位經過的女孩發笑，讓麥克斯韋覺得很窘困。

「你要不要試試看，如果你發現自己快要脫稿了，就咬住自己的舌頭。」女孩一邊掩著嘴笑，一邊說。

「是嗎？」麥克斯韋懷疑地試試看。再演練時，發現這方法對他而言可以有效阻止他的天馬行空。

「謝謝你的妙方啊，不過我必須去上課了，再見。」年輕的麥克斯韋向這匆匆一瞥的女孩道謝後，趕緊去上課。

後來，他才知道原來這位可愛的女孩正是院長的女兒。兩年後，成為伴他一生的妻子。

他在一八六〇年被學院解聘，申請愛丁堡的教職也被婉拒，原因都是因為講課能力不足。不過幸好後來接到倫敦國王學院的聘請，在該校有許多佳績。

一生成果無數

麥克斯韋或許不適合做老師，但是，他是電氣時代的締造者，還提出了色彩理論、氣體分子速度分布、氣體動力學理論、實驗確定電阻單位——歐姆的絕對大小、提出了位移電流的觀念、麥克斯韋方程式……等等。

愛因斯坦說：「麥克斯韋的工作是牛頓以來，物理學最深刻和最富有成果的工作。」

一八七一年開始，麥克斯韋把他的心血都獻給了劍橋新建的卡文迪許物理實驗室（Cavendish Laborator），麥克斯韋是實驗室的設計創造人，也是第一任所長，這座實驗室後來培養出許多優秀的人才。

一八七九年，是麥克斯韋生命的最後一年，健康明顯惡化，可是仍堅持工作，繼續宣傳艱深的電磁理論。可惜他的理論得到重視，是在他死後八年，赫茲將理論化為實驗，證明了電磁波的存在。

不斷改變科學歷史的諾貝爾獎設立人

諾貝爾

（Alfred Bernhard Nobel，一八三三～一八九六）

諾貝爾的遺囑

遺囑用來交代後事，許多偉人的遺囑也被後人拿來當作經典紀念，諾貝爾的遺囑卻像風吹海面，激盪出一朵朵科學的燦爛浪花，而且浪花生生不息。

一八九六年十二月十日諾貝爾因心血管疾病死於義大利聖雷莫的寓所，留下在當時價值約四百萬美元的資產，這筆錢約等於現今一億七千三百萬美元，相當約五十二億台幣的價值。

諾貝爾在去世前十年的時間裡曾先後寫了三封內容不同的遺書，前兩封都因一八九五年的第三封而失效。他最終的遺囑如下：

「本人經過審慎考慮之後，關於我死後財產作如下的分配：贈與人名單，……，其餘換成現款，作如下的處置：

遺書執行人可投資於有價證券作爲基金，成立一個基金會，將每一年所得的利息授與在前一個年度對人類社會有最大貢獻的人。該利息分成五等分，分別頒給對物理學有重大發明或發現者；在化學上有重大發現或改良者；在生理學或醫學上有重大發現；在文學上朝向理想主義而有最優良之作品問世者；調停各國間之糾紛，廢止或縮小目前之軍備，並對和平會議的組織盡最大、最好的努力者。……這是我唯一有效的遺囑。若在我死後還發現有其他對財產處置的遺囑，一律作廢。」

因爲這份遺囑，自一九〇一年起，每年對於物理、化學、生理或醫學、文學、和平五個項目，具有重大發明或貢獻的人，頒予獎金。一九六八年，瑞典中央銀行爲了慶祝成立三百週年，出資創設了「瑞典中央銀行紀念諾貝爾經濟學獎」，就是一般所說的「諾貝爾經濟學獎」。

諾貝爾這六個獎項所以深獲重視，不僅是因爲獎金豐厚高達一百萬美元，主要更是在於得獎者需符合諾貝爾先生所冀望「爲人類帶來最大貢獻」，如此而言，這些獎項正是對在這些領域有非凡成就者的最高肯定。

諾貝爾曾經說過：「有錢不能使人幸福，幸福的泉源只有一個——使別人得到幸福。」他做到了。

生平小記

一八三三年十月二十一日，諾貝爾生於瑞典首都斯德哥爾摩，他的父親曼紐爾・諾貝爾是一位有才幹的機械師，但是事業不順，所以諾貝爾的成長過程並不富裕，而且在多國間流浪謀生。

由於不斷地搬家，諾貝爾只在八歲時接受過一年的小學正規教育。

一直到父親曼紐爾的一些發明在俄國受到歡迎，經濟狀況才開始好轉。因此在一八四三年諾貝爾全家遷居到俄國的聖彼得堡。

在俄國由於語言不通，諾貝爾和哥哥進不了當地的學校，只好在家裏請一個瑞典教師指導他們學習俄、英、法、德等語言，當有了一定的俄語基礎後，再跟俄國教師學習自然科學和工程技術，於十七歲時讀完了化工專業。

一八五〇年左右，以工程師的身分出國游學，在美國參觀旅行一年，獲益良多。

發明安全炸藥

返家後，立即投入父親創辦的機械鑄造廠工作，當時這工廠正爲俄國生產急需的武器裝備，在工廠的實踐訓練中，他考察了地雷、水雷及炸藥的生產流程，研究過大炮和蒸汽機的設計。在這裡不僅提升了許多實用的工藝技術，還熟悉了工廠的生產和管理。不過，隨著戰爭結束，武器工廠的生意也變得慘澹。

約莫同時，諾貝爾開始對甘油炸藥發生興趣，便與父親一起研究，後來，成功發明「硝化甘油」。

研究火藥極端危險，所以他們的研究受到附近大眾的排斥，也由於太過危險，所以沒有人願意投資。直到後來得到法國皇帝拿破崙三世路易・波拿巴的資助，才有研究的處所。

一八六四年九月三日，在一次火藥試驗中發生了硝化甘油的爆炸，他們的實驗室炸成一片廢墟，諾貝爾本人受了傷，可是諾貝爾的五位助手，包括他的幼弟埃米爾卻在當場失去了生命。而父親也因這一沈重打擊，悲傷過度，中風造成半身不遂。

實驗之路坎坷崎嶇，花了無數的時間、無數的金錢、無數的精力，甚至是犧牲了寶貴的生命，諾貝爾還是堅持要往前去。

爲了避免實驗傷害周圍的人，他在馬拉倫湖上租了一艘平底船，在湖上繼續做研究，以減低損失。

經過四年，幾百次艱苦而危險的實驗，諾貝爾陸續發明出多種安全炸藥，包括「雷管」。再經過十多年的研究，諾貝爾在一八八七年發明出無煙炸藥「三硝基甲苯」（又名TNT），這項發明對工業、交通運輸有巨大的貢獻。

科學以外的諾貝爾

諾貝爾的一生積極、勇於奉獻、努力學習、勤於工作，他終身未娶，把畢生的精力都獻給了科學事業。

在化學方面，諾貝爾發明了硝化甘油引爆劑、雷管、硝化甘油固體炸藥和膠水炸藥等，而被世人譽爲「炸藥大王」，而且他對光學、電學、槍砲學、機械學、生物學和生理學等方面也都很有研究。

除了研究炸藥，他一生共獲得三百五十多項技術發明專利。在歐洲、北美洲和南美洲等五大洲的二十多個國家建立了一百多座公司和工廠，積累了三千五百萬瑞典克郎的資金，是個赫赫有名的大工業家。

除了科學方面的貢獻，他最愛的就是文學，他以文學治療各種憂慮與緊張。從他的實驗日記可以發現，生病或是心煩的時候，諾貝爾以寫作小品文學來排遣實驗研究的寂寞與壓力。

諾貝爾一生堅持規定的飲食，不抽煙，不喝酒，不玩牌，不賭錢，不會玩樂器，也從不跳舞，不特別裝飾外在，也不浮誇財富，甚至像是一個擁有孤寂背影的隱者。

有人描述諾貝爾的臉上總是充滿著緊張和憂慮的表情，但是藍色的眼神是柔和的，平時彬彬有禮，不擺架子，人們難以從他的外在行爲得知他是多麼富有的名人，而他也小心地控制自己緊張的神經。

他曾說自己是：「一個無用的思考工具，以任何人都想像不到的沉重思想，孤零零地漂泊於世。」

而別人卻稱他是：「炸不死的人。」

諾貝爾研製炸藥的本來目的是爲和平建設服務，爲民造福。可是，後來淪爲屠殺人民的武器，加重了戰爭的災難，使諾貝爾感到很痛心，才有後來的遺囑。

即使有人對諾貝爾因發明炸藥而致富感到不以爲然；但是沒有人會否認，以他爲名所設立的諾貝爾獎，在這世紀中，仍然代表著舉世最高的榮譽。

門捷列夫

俄國科學家的門神

（Dmitri I. Mendeleef，一八三四～一九〇七）

元素週期表

有一張藏寶圖，上面畫著到達藏寶地點的路線，每往前一步都有特別的事發生，更往裡邊探險，人類的歷史也跟著瞬間改變，而這張圖讓尋寶人找到最偉大的寶藏之一，就是開啓原子世界的寶藏！

哪張藏寶圖這麼偉大又神秘？

正是化學教科書中裡邊都附有的那一張「元素週期表」。

許多老師會要求學生背下週期表的內容，不但對週期表要有基本的認識，化學成績似乎跟元素週期表息息相關，所以相信這張藏寶圖曾經是很多學生的惡夢。

事實上，元素週期表揭開了許多物質世界的秘密，把一些看起來互不相關的元素連接起來，組成了一個完整的自然體系。元素週期表的發明，更是近代化學史上的一個創舉，是促進化學發展的一大功臣。

而元素週期表的最早發明者正是被稱為「俄國科學家的門神」——門捷列夫。

生平小記

一八三四年二月七日，門捷列夫生於西伯利亞的托波爾斯克市。

門捷列夫一生要求自己工作與學習，他認為只有透過工作，才能充實人的生活；只有透過學習，才能充實人的腦袋。

他成長的期間，是歐洲社會發展旺盛的時期，當時化學在幾位大師的出現下蓬勃發展，當他在學校讀書的時候，他的化學教師，經常在課堂中熱情地介紹當時由英國科學家道爾頓創立的新原子論。

由於道爾頓新原子學說問世，一個一個的新元素接連被發現，使人們對化學深感興奮，狂熱的程度大概是現代人們著迷於「奈米科技」一般吧。由於化學教師熱情的講授，使門捷列夫對化學懷抱夢想。

門捷列夫二十三歲取得化學碩士時就被海德堡大學聘為講師，因為父親早逝，寡母一人撫養他，由於階級低下，在這之前他的學習歷程相當刻苦，入學時還受到名校的排斥，當時經過一番波折才讓他得以進入聖彼得堡師範學院。

日後他前往法國、海德堡學習，使自己擁有更豐富的學識。

寫作《化學原理》

在一八六八年，人們對原子世界了解不多的時候，門捷列夫開始按自己的計畫寫作《化學原理》一書，在寫作的過程中，他發現了元素週期律。

每天早晨，速記員尼基金到門捷列夫的書房，他們立即投入寫作《化學原理》的工作。門捷列夫會口述他所整理出來的內容，而尼基金就負責整理成文，就在他準備在第二部分詳細介紹各種化學元素時，他遇到了困難。該從何處下手呢？怎麼才有系統地描述元素及其化合物的性質呢？各元素之間內在的連結？該如何排列？順序呢？寫作中不斷浮現更深層的問題……

門捷列夫對化學的才學與高超的抽象思維能力讓他意識到：無機化學之所以會這樣混亂，是因爲人們還沒有找到化學元素之間的內在規律。

當時其實有一些科學家已經排出元素表，但是門捷列夫認爲那些排列法都不是最好的方式，因此門捷列夫閱讀了數不清的資料，可是看越多越混亂，理不出頭緒，他每天苦苦思索，徹夜難眠。

他蒐集更大量的資料與研究論文，認眞仔細地比較分析，將正確與可取的內容留下。

紙牌遊戲

門捷列夫的個性執著、不修邊幅，除了科學以外，他最有興趣的東西就屬橋牌。門捷列夫認爲橋牌可以鍛鍊人的智慧，培養人團結合作的精神，因爲在許多化學元素中打轉，他索性命人準備紙卡。

門捷列夫命人準備一堆如撲克牌般大小的紙卡之後，對著卡片在書桌前一直工作著，他細心地把每種元素的各種性質，包括元素名稱、符號、原子量、顏色、比重、價數、化合物的化學式，及主要特性等等都整理在卡片上，就像撲克牌一樣。

時間分秒流逝，慢慢地，當時已經發現的六十三種元素都被記錄在紙卡上。準備工作就緒，但是現在該怎麼排置它們呢？

門捷列夫是道爾頓原子論的捍衛者，他相信原子量能夠準確反應出元素的聯繫，尤其是早期聽過義大利化學家卡尼扎羅對原子量原理的演講之後，他一直思索原子量與元素的關係。

但剛開始的時候，他沒有想到元素跟原子量的關聯，曾經試圖以顏色或比重來排列，不過他很快發現這樣的方式並沒有實質意義。

門捷列夫努力了很久，嘗試過很多方法，但是總無法順利地將元素排列完成，這場撲克遊戲大概是他一生中最絞盡腦汁也玩得最久的遊戲了。

門捷列夫執著於研究，但是並不固執、拘泥，在排列週期表時，他發現元素的原子量與價數有神秘的週期性，就像七度音階一樣，他就以七爲規則。可是前三橫排都是七個，到了第四橫排發現又不一樣，於是他遵守大自然的現象爲基礎，不墨守「七」的週期。

因爲當時科學上才發現六十三種元素，所以排列時有一些「空格」產生，但門捷列夫在幾經考慮之後，讓空格留下，並且預言這些位置的元素特質，沒想到日後都一一被證實了。

因爲預言中的新元素被發現，使得門捷列夫的元素週期表更是轟

週期表

說明：1（原子序） 氫（元素名稱） H（元素符號） 1.008（原子量）

注：氣體— 液體— 固體— 人造元素—

金屬　非金屬　惰性氣體　過渡元素

1 IA	2 IIA	3 IIIB	4 IVB	5 VB	6 VIB	7 VIIB	8 VIIIB	9 VIIIB	10 VIIIB	11 IB	12 IIB	13 IIIA	14 IVA	15 VA	16 VIA	17 VIIA	18 VIIIA
1 氫H 1.008																	2 氦He 4.003
3 鋰Li 6.941	4 鈹Be 9.012											5 硼B 10.81	6 碳C 12.01	7 氮N 14.01	8 氧O 16.00	9 氟F 19.00	10 氖Ne 20.18
11 鈉Na 22.99	12 鎂Mg 24.31											13 鋁Al 26.98	14 矽Si 28.09	15 磷P 30.97	16 硫S 32.07	17 氯Cl 35.45	18 氬Ar 39.95
19 鉀K 39.10	20 鈣Ca 40.08	21 鈧Sc 44.96	22 鈦Ti 47.88	23 釩V 50.94	24 鉻Cr 52.00	25 錳Mn 54.94	26 鐵Fe 55.85	27 鈷Co 58.93	28 鎳Ni 58.69	29 銅Cu 63.55	30 鋅Zn 65.39	31 鎵Ga 69.72	32 鍺Ge 72.59	33 砷As 74.92	34 硒Se 78.96	35 溴Br 79.90	36 氪Kr 83.80
37 銣Rb 85.47	38 鍶Sr 87.62	39 釔Y 88.91	40 鋯Zr 91.22	41 鈮Nb 92.91	42 鉬Mo 95.94	43 鎝Tc 98.91	44 釕Ru 101.1	45 銠Rh 102.9	46 鈀Pd 106.4	47 銀Ag 107.9	48 鎘Cd 112.4	49 銦In 114.8	50 錫Sn 118.7	51 銻Sb 121.8	52 碲Te 127.6	53 碘I 126.9	54 氙Xe 131.3
55 銫Cs 132.9	56 鋇Ba 137.3	57-71 鑭系元素	72 鉿Hf 178.5	73 鉭Ta 180.9	74 鎢W 183.9	75 錸Re 186.2	76 鋨Os 190.2	77 銥Ir 192.2	78 鉑Pt 195.1	79 金Au 197.0	80 汞Hg 200.6	81 鉈Tl 204.4	82 鉛Pb 207.2	83 鉍Bi 209.0	84 釙Po (210)	85 砈At (210)	86 氡Rn (222)
87 鍅Fr (223)	88 鐳Ra (226)	89-103 錒系元素	104 Unq (261)	105 Unp (262)	106 Unh (263)	107 Uns (262)	108 Uno (265)	109 Une (266)									

鑭系元素	57 鑭La 138.9	58 鈰Ce 140.1	59 鐠Pr 140.9	60 釹Nd 144.2	61 鉕Pm 144.9	62 釤Sm 150.4	63 銪Eu 152.0	64 釓Gd 157.3	65 鋱Tb 158.9	66 鏑Dy 162.5	67 鈥Ho 164.9	68 鉺Er 167.3	69 銩Tm 168.9	70 鐿Yb 173.0	71 鎦Lu 175.0
錒系元素	89 錒Ac (227)	90 釷Th 232.0	91 鏷Pa (231)	92 鈾U 238.0	93 錼Np (237)	94 鈽Pu 239.1	95 鋂Am 243.1	96 鋦Cm 247.1	97 鉳Bk 247.1	98 鉲Cf 252.1	99 鑀Es 252.1	100 鐨Fm 257.1	101 鍆Md 256.1	102 鍩No 259.1	103 鐒Lr 260.1

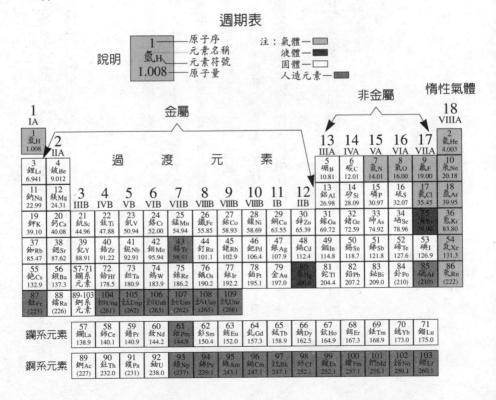

動。而門捷列夫只要發現內容有錯，他也不斷地出面訂正，當然後來不斷有更新的科學資料，補充新發現的元素，甚至依照週期表理論造出人造元素，也使得元素週期表更臻完整。

多方研究的晚年

一八六六年，被聘爲聖彼得堡大學的化學教授，直到一八九〇年因參加學生集會，反對沙皇在大學裡的員警制度，而受辱辭職。此後的二十年，門捷列夫繼續探索未臻完善的週期表。

一八八二年，門捷列夫因發現週期律而獲得英國皇家學會戴維獎章。一九〇五年，他獲得英國科普利獎章。一九五五年，科學家們爲了紀念他，將一百零一號元素命名爲鍆。

門捷列夫除了完成週期律這個勳業外，還研究過氣體定律、氣象學、石油工業、農業化學、無煙火藥、度量衡等。因爲他總是日以繼夜地工作，所以在他研究過的這些領域中，都有不同程度的成就。

一九〇七年二月二日，這位享有世界盛譽的科學家，因心肌梗塞與世長辭。但他給世界留下的寶貴財產，永遠存留在人類的史冊上。

倫琴

發現X光射線帶來醫療診斷之光

（Wilhem Conrad Rontgen，一八四五～一九二三）

人骨照片

骨頭在活著的人身上是不可能看的到，因此一百多年前，倫琴幫太太拍的手骨X光照片掀起世界極大震撼。

倫琴夫人事後回憶她第一眼看到這張手指X光照片時的感覺，她說：「我彷彿看到自己的死亡。」

即使當時引起很大的震撼迴響，不過那時候還沒有人想到X光可以利用在醫療用途，直到居禮夫人爲戰爭醫療設計的X光車出現。

現在X光等同於是醫師的「第三隻眼」，藉著在底片上

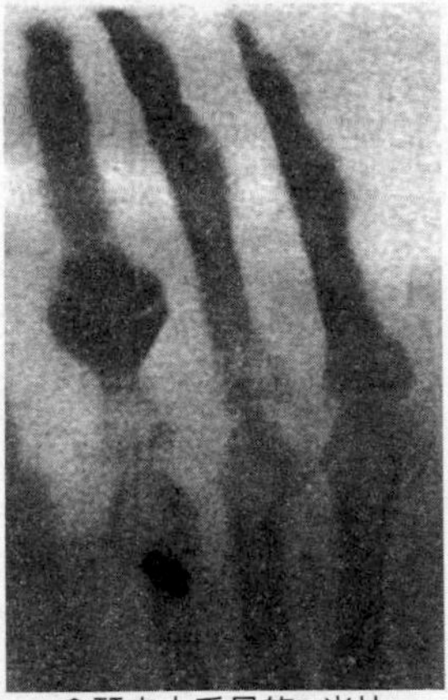

倫琴夫人手骨的X光片

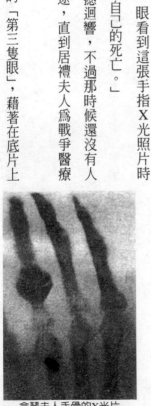

的黑白影像，使我們得以看到身體內部的構造，並查出隱藏在身體裡的疾病。

生平小記

倫琴一八四五年三月二十七日生於德國魯爾河流域的一個商人家庭，三歲時全家遷居荷蘭的阿佩爾多恩並加入荷蘭籍。倫琴在那裡上完小學和中學。他的成績平平、喜歡運動、動手能力強，還有些淘氣。

一八六五年遷居瑞士蘇黎世，倫琴進入蘇黎世聯邦工業大學機械工程系。據說，他因為嘲笑一位教師而被開除。後來在蘇黎世物理學院學習，著名物理學家孔托是他的老師。由於受到熱力學創始人之一克勞修斯和孔托的影響，倫琴從此走上了物理學研究之路。

一八六九年在孔托指導下，完成他的第一篇論文《氣體的研究》獲得博士學位，並擔任了孔托的助手。

一八七五年成為霍恩海堡農業專科學校教授。

一八七九～一八八八年，主持吉森大學物理學講座。

一八八九～一八九三年任耶魯大學和烏德勒支西大學教授。

一八九四～一九〇〇年任維爾茨堡大學校長和慕尼黑物理研究所所長。

一八九五年他在維爾茨堡大學工作時，由於發現了X射線而一鳴驚人，榮譽不斷。一九〇一年，瑞典科學院將首屆諾貝爾物理學獎授予倫琴，以表彰他的傑出貢獻，而他卻將所得全部獎金都捐獻給了維爾茨堡大學用作發展科學事業的經費。

當時他平靜地告訴記者說：「和成功的解決了一個問題後內心所得的滿足比較起來，任何的獎勵都無所謂了。」

倫琴從事科學研究工作五十餘年，共發表論文五十八篇。他對名譽金錢看得很輕。由於他發現了X光射線，巴伐利亞國王打算封他爲貴族，但倫琴不願在他的名字前冠以「馮」這個代表貴族的封號。然而，事實上由於第一次世界大戰後德國通貨膨脹，倫琴和大多數德國人一樣，都處於貧困之中。

發現X光的故事

倫琴像

現代人都知道輻射線不可照射過量，但X光在當時不但不可思議，即使在現代還是十足的醫療診斷之光。

而你可知道X射線（X-Ray），也就是俗稱的X光，爲什麼命名做「X光」呢？

一八九五年十一月二十八日，德國物理學家倫琴在做陰極射線研究時，無意間發現一種奇特的射線，具有「透視」的功能，這種射線可以穿透許多軟性材質的物品，但是無法穿透鉛、鐵之類的金屬。

倫琴在實驗中，將自己的手掌置於射線中，意外發現在另一端的底片上留下了手掌骨的影子。於是，倫琴成爲世界上第一個透視自己骨頭模樣的人。

在研究過程中，倫琴發現這是一種嶄新的射線，一時之間又想不出適合的名字，於是因爲未知，便用未知數的符號「X」來命名，取名爲「X光射線」。

X光的應用

當時形同未知數的X光，今日不僅普遍應用，還有無價的發展空間。

X光可以運用在醫學、工業、國防、商業各個不同的領域上，例如以X光探知癌症、治療疾病；檢測金屬產品的裂縫；區別寶石的眞假；運用X光檢視郵件或行李之中有沒有違禁物品等等。

人類歷史上，沒有一項發現或發明，像倫琴發現X光那樣，在發表之後，馬上被各傳播媒體爭相報導，而且迅速被社會大眾、科學家、攝影師、工程師們，尤其是醫學界所接受。

依照倫琴的方式製造X光射線很容易，所以在一八九六年一年內，X光已經傳遍歐、美，數年間傳遍全世界。直到今天，X光仍是醫療院所裡最主要的診斷工具之一，幾乎每個人都曾接受過X光照射，像是身體檢查時會照張胸部X光片，牙齒治療、骨折等等都需要用到X光攝影。

可貴的是從X光發展出來的腸胃道攝影、腎臟輸尿管膀胱攝影、血管攝影、電腦斷層攝影（CT），也是現代化醫院重要的檢查。由X光射線技術衍生的超音波、核子醫學、磁振造影等高科技檢查，更是現代醫院必須有的裝備，也是人們去醫院時可親眼看到、接觸到的儀器。

實驗的高手

侖琴平時的興趣廣泛，動靜皆宜；他的第一篇論文是談「空氣比熱」，這篇論文的實驗方法在今天看來或許原始，可是他深入探討因疏忽而產生的錯誤，減少實驗與數據的誤差。

侖琴的論文遍及許多領域，從實驗儀器設計、電學理論問題、晶體物理及彈性，毛細現象等等，都在他的研究範圍之內。

在侖琴五十八篇論文中，只有三篇是研究X光的，這三篇論文幾近完整地完成X光的討論，一直到二十世紀初，才又有關於X光性質的研究成果，其中包括X光的波長大約只有可見光萬分之一的發現、揭開晶體原子結構等，往後，X光原理更成爲各科學做研究必備之理。

一九二三年二月十日，侖琴因患腸癌在慕尼黑逝世，享年七十八歲。

爲了紀念侖琴在發現X光射線上的重要性，X光射線也被命名爲侖琴射線，國際學術界還做出決定，用「侖琴」來命名X光射線的照射量單位。現在柏林市的波茨坦橋前還豎立著侖琴的青銅塑像。

貝爾

成立世界上第一家電話公司

(Alexander Graham Bell，一八四七～一九二二)

為盲啞服務

貝爾的家族三代都是名人，他的祖父亞歷山大．貝爾是一位慈善家，一生爲盲人福利奔波，有「愛丁堡小聖人」的稱號。

父親麥斯威爾．貝爾也是一位慈善家，在愛丁堡大學和倫敦大學當過語音學教授，他同情聽障不能聽的痛苦，發明了一套口形符號，幫助聽障可以讀常人的脣語，當時貝爾和他的兄弟時常擔任助教表演，一八六七年時，貝爾父親將這套口形符號系統送給國際科學會，經過專家試用，效果良好，所以直到現在這套系統依舊在使用中。

貝爾從小看著祖父跟父親的榜樣，所以早早立志要幫助弱勢，爲盲啞服務，而且他辦到了，甚至比他的祖父跟父親更出色。

生平小記

貝爾生於一八四七年，他的童年跟兩個哥哥一起在英國愛丁堡成長，因爲家境富裕，所以從小生活幸福，長大後，由於家學淵源，他也學習「語音學」。

一八六九年時，二哥跟大哥先後死於肺結核，貝爾的父親害怕日漸衰弱的貝爾也會染病，所以接受醫生的建議，舉家遷徙至加拿大。

第二年，貝爾和父親在美國波士頓創辦一所盲啞教育師資訓練班，教授他發展出來的口形符號，在美國做盲啞教育服務工作。同時，貝爾也被波士頓大學聘爲語音學教授。

以電傳話的想法

貝爾在波士頓大學一邊教學，一邊自研電學。當時電報已經發明，而且受到大家的歡迎，他相信電報能夠把信號傳到遠處，人的聲音也可以，他想要發明一種能夠利用電力傳達聲音的機器。

有一天，貝爾前去電報公司請教一位電信工程師，那位工程師告訴他，電報上發出的信號，是電本身所發出的聲音，人的聲音不能跟電發生關係，所以想利用電傳答人的聲音是不可能的。這番話讓貝爾非常地失望。

失望並沒有讓貝爾放棄，因爲其中有一個美麗的巧合。

一八七二年，貝爾轉到哈伯特先生開辦的聾人學校。一個禮拜天的上午，貝爾在教堂看見一位擁有美麗氣質的小姐，他對這位小姐一見傾心，於是加快腳步追上去，可是當他打招呼時，這位小姐卻沒有理會他，讓他覺得自討沒趣，沒想到一旁的人突然告訴他：「瑪貝兒小姐是聾子。」

「聾子」這兩個字重重打在貝爾心上，一時詫異沒再追上去。其實，貝爾的母親也是聽障，十歲左右才逐漸失去聽力。

瑪貝兒的爸爸正是波士頓的富翁哈伯特先生（Gardiner Greene Hubbard），瑪貝兒四歲時，因爲一場猩紅熱引起高燒造成失聰情形，所以心疼又內疚的夫婦非常寵愛漂亮的瑪貝兒。

爲了女兒，哈伯特先生甚至跟朋友合開一所聾啞學校，後來貝爾爲她個別授課時，與美麗的瑪貝兒墜入情網。而經過貝爾的悉心指導，瑪貝兒讀脣語的能力很強，一般人甚至難以察覺她有聽障。

成立世界上第一家電話公司

貝爾後來研究電報、電話，其實研發的始意還想發明一台會「幫忙說話」的機器。不過說話是大腦在控制，並不是發聲器官，所以這個夢想當然不可能實現。

遇到無數挫折的貝爾，利用業餘時間研發「多重電報機」。那時電報問世三十多年，已有人開始研發以同一條電線同時傳送兩個訊息的電報機。貝爾基於對語音與音樂的知識，認爲同時傳送好幾份電報訊息是可能的，所以也投入其中。

不過他的研發工作並不順利，因爲製造的多重電報機不穩定，電報公司不感興趣。他跟一起工作的機械師湯瑪斯不斷地改良機器，一八七五年六月，貝爾在改良機器的過程中，意外得到一瞬間的「電話」（electric speech），這才發明了電話。

貝爾在一八七六年二月十四日申請到美國專利局的專利證，同時他也成立了世界上第一家電話公司，這一年他二十九歲。

在實驗成功後，他在日記中寫下：「這是個偉大的日子。我覺得我終於解決了一個重大的問題。將電話線鋪設到家家戶戶中的日子就要來臨，朋友不必離開家門就能互相交談。」

發明助聽器

成功發明電話後，他開始構想從發明電話的研究資料中，希望研發出一種能夠將聲音放大的機器。

半年後，貝爾把這個發明送給瑪貝兒：「瑪貝兒，請試試我所發明的機器。」瑪貝兒將機器戴上後興奮地哭了起來：「我聽見了！我聽見聲音了！」

是的，貝爾發明的正是「助聽器」，這項發明他並沒有註冊專利權。

一八八〇年，他取得無線「光線電話」（Photophone）的專利，這是項可以短距離傳輸聲音的發明，也是首度能夠以無線方式傳達話音的裝置，這項裝置的原理影響許多後來的科學發展，包括電晶體與光電電池。

同年，法國頒給貝爾「伏特獎」，表揚他在電學方面的發明貢獻，在這之前，貝爾早想要建立一座實驗室，於是他利用這筆獎金在華盛頓特區成立了伏特實驗室，以終身研究發明爲實驗室宗旨，繼續從事各種聲音研究，發明出許多跟聲音有關的產品，包括研究盤式唱片。他也從事幫助聾人的各項研究，捐贈許多金錢開設聾啞病理研究所，十分盡心盡力。

電話專利權爲他賺進的財富，使他更能專心自己有興趣的研發工作，例如聽力檢查儀、金屬探測器、鐵肺、留聲機等。晚年，他還研發水翼機。

百年後的影響

其實所謂的發明，可能在不同時間不同地點不同人物卻發明同樣類似的東西，關於世界上最早的電話，西元二〇〇〇年六月美國國會已通過決議，早在貝爾申請專利的兩年前，有一位義大利移民梅烏奇其實已經設置第一座電話系統，但是無力支付申請專利權所需的費用，僅擁有臨時專利權；雖然早在貝爾之前已有人設置電話，但貝爾確實也發明了許多產品（包含電話）

並擁有電話的永久專利，改變了世人的生活，而他恐怕不能想像一百多年之後，人們在電話線上傳遞的不再只是聲音，而是資料、圖片，以及影像，更拓展至數位虛擬實境，而且他研發新的產品，也改良舊的儀器，使得許多精密產品接續誕生。

一九二二年八月二日電話發明人貝爾逝世，北美地區的電話更以停話一分鐘默哀。

愛迪生

門羅公園的魔術師

（Thomas Alva Edison，一八四七～一九三一）

好奇寶寶的小腦袋

談到改變歷史的科學家，一定不能錯過「發明大王」愛迪生。愛迪生小時候的趣事很多，常被人流傳的是孵雞蛋的故事。

從小到大他都喜歡問「爲什麼？」而且愛作實驗，實事求是，追根究柢。

有次，他看見母雞孵蛋，問：「媽媽，母雞在做什麼呢？」

媽媽回答：「母雞在孵蛋，幫助蛋裡的小雞長大。」

隔天，媽媽四處找不著愛迪生，找了很久才在雞舍附近發現他，原來他抱著幾顆雞蛋坐在草堆上，媽媽問：「你在做什麼呢？」

愛迪生傻氣地說：「在孵蛋。」媽媽看了頓時好氣又好笑。

還有一次，媽媽提到毛皮摩擦可以生電，愛迪生竟然興奮地捉來了兩隻貓，用銅線把兩隻貓的尾巴綁在一起，想使牠們的毛皮互相摩擦生電，結果電沒看到，只有滿身抓傷。

充滿好奇的愛迪生問起火藥是怎麼製作的，媽媽簡單地向他解釋，結果富有實驗精神的愛迪生在聖誕節前夕燒燬了大半個穀倉。

生平小記

一八四七年愛迪生出生在美國俄亥俄州的米蘭市。

他沒有豐厚的學識背景，一生中只有受過三個月的小學正規教育，所以他不會繁複的科學理論，但是他卻建立了西方第一座大學體制以外的工業實驗室——「門羅公園實驗室」。

在實驗室裡有許多高材生為他工作，他在實驗室提出的要求是：每十天一項小發明，六個月一項大發明。所以，他一生在專利局登記的發明有一千多種，從他出生到八十四歲逝世，平均每十五天就有一項發明問世！

注意力缺陷過動症

就像他童年的驚人之舉，愛迪生正是一個衝動又充滿想像力的孩子，依照愛迪生小時候的事蹟，在專家的研判上他可能患有ADHD症候群，也就是注意力缺陷過動症。

這是一種注意力失調的腦部失能，約有百分之二的兒童有這樣的困擾，想像生活在快速變化的萬花筒中，聲音、影像、思緒不斷變化。容易厭煩，無法專心在需要完成的工作上，很容易被不重要的外在事物影響，想法變化快速、思考跳躍，或者極度專心於一堆想法和影像，不受外在影響。

進小學後，愛迪生提的問題常讓老師措手不及、疲於應付，因此認爲他是故意找碴，許多看起來稀鬆平常的答案被愛迪生一問變成令人費解的問題，所以他成了不受歡迎的學生，老師口中的低能兒。

愛迪生在學校頻受委屈，還被當成智能不足，媽媽知道後，憤而讓他休學，在家自己教育，小學這短短的三個月變成愛迪生唯一的正式學歷。

回到家中自學的愛迪生，遇到不懂的問題就問母親，九歲時愛迪生已經能夠閱讀各式經典名著，後來愛迪生迷上科學，反覆閱讀《自然實驗哲學》，充滿興趣，常常自己動手模擬實驗。

媽媽了解愛迪生喜歡動手、喜歡思考，他能接受的學習方式不容於傳統制式的塡鴨教學。因此，她讓愛迪生用適合他自己的方法學習知識，所以如果說後來的愛迪生能有任何成就，或許眞該感謝的是他的媽媽。

從報童開始

愛迪生十二歲就去當賣報童，除了生活零用，他也用賺來的一點錢買化學藥劑做實驗。

十五歲那年，愛迪生在鐵軌上救了一個孩子，因爲孩子的父親無以爲報，所以便教愛迪生「電報技術」，愛迪生在各地流浪做了幾年電報員，也研究其中的原理，在一八六八年獲得第一項發明專利權，一台自動記錄投票數的裝置。

一八六九年，結束四處流浪的電報員工作，跟朋友波普成立了「波普——愛迪生公司」，專門經營電氣工程的科學儀器。在這裡，他發明了一台「愛迪生印刷機」，他把這台印刷機賣給華爾街一家大公司的經理，本想索價五千美元，但又缺乏勇氣說出口。於是他讓經理給個價錢，而經理給了四萬美元。

之後，他爲西方聯合公司（Western Union）研製出一種機器，能夠在單線上發出四份電報，最後卻以超過十萬美元的價錢賣給西方聯合公司的對手古爾德（Jay Gould），爲了喜愛的科學，愛迪生幾乎是不顧一切的。

一八七六年，有了資金，愛迪生得以在紐澤西州的門羅公園（Menlo Park）成立實驗室，才有日後驚人的發明成果，甚至被稱爲「門羅公園的魔術師」。

「浪費，最大的浪費莫過於浪費時間。」愛迪生常對助手說。「人生太短暫了，要多想辦法，用極少的時間辦更多的事情。」

愛迪生的耳朵從小半聾，埋頭工作時更加不分心，據說他一有靈感，可以幾天不睡覺，常常只有睡幾個小時又醒來工作，而且，哪裡都可以睡，實驗室員工看到的老闆總是在工作中。

愛迪生與其夥伴尼古拉・特斯拉於一千兩百萬伏特電壓下依舊沉著地進行實驗

生活簡樸的愛迪生

愛迪生是個簡衣樸食的人。有一次，他的老朋友在街上遇見他，關心地說：「看你身上這件大衣破得不像樣了，你應該換一件新的。」

「用得著嗎？在紐約沒人認識我。」還是工人的愛迪生毫不在乎地回答。

幾年過去，愛迪生成了大發明家。有一天，愛迪生又在紐約街頭碰上了那個朋友。

「哎呀！你怎麼還穿這件破大衣呀？這回，無論如何要換一件新的了！」

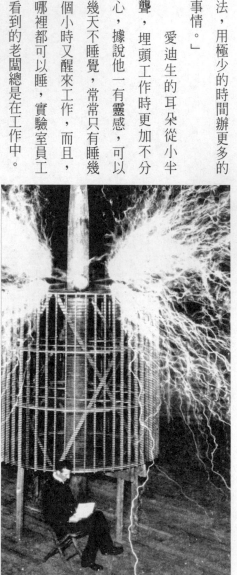

「用得著嗎？這兒人人都認識我了。」愛迪生仍然毫不在乎地回答。跟服飾一樣，他對飲食也不太挑剔，粗茶淡飯他可以飽食一頓，早餐也可以維持數十年不變，這一生大概只有執著在改良他的發明上吧。

講求實用的發明哲學

同步發報機、愛迪生複印機、改良電話機、留聲機、電影攝影機、電影放映機、愛迪生鎳鐵電池、燈泡……數之不盡的實用發明，讓人們的生活便利。

十九世紀初，生活照明上常使用煤氣燈，但是煤氣靠管道供給，一但漏氣或堵塞，非常容易出事，愛迪生就爲自己訂定了一個不可能的任務：改良照明之外，還要創造一套供電系統。

於是他和門羅公園的夥伴們，不眠不休地做了一千六百多樣耐熱材料和六百多種植物纖維的實驗，才製造出第一個可以一次燃燒四十五個小時的碳絲燈泡。後來他在這基礎上不斷改良，經過數百次的實驗，終於得出可以點燃一千兩百小時的竹絲燈泡。這個發明一推出，在當時使得煤氣股票三天內猛跌百分之十二。

竹絲取自日本京都八幡市所產的孟宗竹，後來十年，愛迪生都選用這裡的竹子製作燈絲，現在八幡市內還有一條愛迪生大道。而直到一九〇九年，才有美國人柯里奇發明用鎢絲取代碳絲，使照明設備就此登上形形色色的舞台。

爲了推廣電燈的使用，經過不斷製造開發，一八八二年，愛迪生在紐約珍珠街首座發電站正式啓用，愛迪生完成了這項不可能的任務，大大改善了人類的生活，電力的時代也由這一刻開始，但是，由於他堅持採用直流供電，輸電效率差，被西屋公司的高壓交流供電打敗，因此失敗了，面臨巨額負債。

愛迪生被商會踢出自己的「愛迪生電力公司」（Edison General Electric），這間公司正是目前營業額超過一千億美金的的奇異電氣公司（GE，General Electric）。

起起落落，只是愛迪生人生中不斷的曲目，他也曾經面臨實驗室著火，四百萬美元的設備付諸流水，熊熊大火，烈焰沖天，他跟兒子說：「快叫媽媽來看，很難再有這麼大的火了。」

隔天，一切重新再來。

自由女神的燈滅

愛迪生留給世人的名言：「天才是九十九分的努力，再加上一分的靈感。」他確實是身體力行，而他一生中最大的樂趣就是工作，不管世事，只管自己的工作，甚至不斷地爲爭取自己的專利發明上法庭，也不停止。

一九三一年十月十八日愛迪生去世，享年八十四歲，出殯當天，美國人關掉不需用的電燈，以示哀悼。這晚，連自由女神的燈都被熄滅。

俄國第一的生理學家 巴甫洛夫

(Ivan Peterorich Pavlov，一八四九～一九三六)

©The Nobel Foundation提供

狗的圖騰

一九〇四年，巴甫洛夫以消化生理學方面的成就獲得諾貝爾獎，他是第一位生理學家獲獎人，也是俄國的第一位諾貝爾獎得主。

一九一二年七月的某一天，巴甫洛夫參加英國皇家學會會員大會。他一來到座位，一隻可愛的絨毛狗就順著繩子被送到他的桌前，巴甫洛夫接下小狗後，整個大廳頓時充滿歡笑與掌聲。這個畫面看起來眞奇怪，爲什麼英國皇家學會要這麼安排呢？不知情的人說不定會以爲英國皇家學會以狗影射巴甫洛夫，到底巴甫洛夫跟狗有什麼關係呢？

原來，巴甫洛夫是蘇聯人，在列寧掌權的革命時代，蘇聯經濟困難，所以他的實驗室經常遇上食物及水電不足，造成實驗室裡養的動物餓死。

爲此困擾的巴甫洛夫寫了封信給列寧，希望政府讓他有一個安穩的研究環境。

列寧接到巴甫洛夫的信後，立即下令：「巴甫洛夫對世界勞動人民有極大貢獻，所以除了保證科學研究需要的條件之外，還要發給足夠的食物。」

列寧特別派專人前往致意，來人關心地問：「教授，請問你還缺些什麼呢？」

巴甫洛夫激動地說：「感謝同志！食物跟別人一樣多就可以。我只需要狗，請給我狗！」

巴甫洛夫一生研究生理學，是血液循環、消化系統及大腦生理方面的專家，做活體解剖實驗時，大都是用狗，所以狗正是他進行實驗最需要的動物，就像夢之於佛洛依德，狗幾乎成了巴甫洛夫的圖騰！

生平小記

一八四九年九月二十六日，巴甫洛夫生於莫斯科鄉下。因爲父親是牧師，所以宗教對巴甫洛夫的學習以及人生觀有一定程度的教化影響。

巴甫洛夫七歲時曾經從高處跌落，身受重傷，所以一直在家養傷，直到十一歲才進入當地的教會小學，畢業後，再進入一所教會中學。一八七〇年中學還沒畢業就考進聖彼得堡大學學習自然科學。

一八七五年從彼得堡大學數理系生物科學部畢業後，巴甫洛夫進入軍事醫學院深造，一八七九年獲得學士學位，一八八三年取得博士學位，並且擔任生理學講師。

巴甫洛夫讀書的成績優良，所以在一八七八年被聘請至波德金教授的實驗室工作，在實驗室裡，他開始研究血液迴路、消化生理、藥理學方面的議題。

而且因爲研究認眞出色，一八七九年，巴甫洛夫獲頒金質獎章，經考試合格再入醫學院深造，同時，他還繼續在波德金實驗室中研究生理學。

巴甫洛夫經常懷念和感激波德金教授的教學。事實上，波德金教授的實驗室，只是一間陳舊狹小的房間，不僅老舊，還欠缺設備，眞正使巴甫洛夫成功的原因則是他不屈不撓的工作態度。

巴甫洛夫對自己嚴苛，性格積極，不過雖然他要求實驗要嚴謹審愼，但是觀念要進步，思考也要創新，從他的實驗設計可以看到他創意不守舊的特質。

建立「條件反射說」

一九〇二年，巴甫洛夫的研究重點轉到高級神經活動方面，他以生理學中的「反射」概念來建構「心理性分泌」的機制，建立起「條件反射」的學說。

巴甫洛夫在研究消化生理學時，發現狗的唾腺不但會由於食物的香味受到刺激，甚至只聽到碗盤的聲音也會受到刺激而分泌唾液，發現這個奇怪的現象後，他反覆地思考這個問題，並且決定動手做做看。

很多人會想到：狗又不會說話，又不會表達意見，要如何才能知道狗的想法或是感覺呢？其實我們都有過類似的經驗，就是肚子餓想到食物的時候，嘴裡的口水突然就湧了出來，看到香噴噴的炸雞腿、香辣的宮保雞丁、好吃的牛肉麵……就更加難以忍耐。

大多數人都不甚了解唾液的重要性，唾液的功能就像眼淚，可以用來滋潤人體的消化器官，唾液裡含有可以初步消化澱粉食物的酵素，而且唾液擔負的重責大任就是將食物濕潤，讓食物變得柔軟潮濕得以順利吞下。想想看，如果沒有唾液，吞嚥食物將會變成一件困難痛苦的事，所以分泌唾液這件事正是身體爲著飲食這個動作開始的前置作業。

巴甫洛夫的實驗設計正是利用生物體生理上對食物的反射。

他先確認狗兒平常時的唾液量，再比較狗兒看到食物的唾液量。結果顯示，狗兒看到食物時會分泌比平常時候更多的唾液量，進而推測狗對食物的反應跟人對食物的反應相似。

想了解科學家如何測得唾液量嗎？

人家說狗嘴裡吐不出象牙，可是狗的口水可不少，狗嘴裡有六條唾腺分泌唾液，巴甫洛夫在狗的臉頰部位動手術開了一個小孔，他將其中一條唾腺的唾液接到收集管，以專門的儀器準確地計算唾液的滴數。

狗兒的作息一切安排正常，牠的唾液也將有六分之一會流到唾液收集管裡。

在確認各種基本條件後，巴甫洛夫開始安排食物跟「信號」連結。實驗中，不能先讓狗看見食物或聞到食物的味道，助手準備鈴鐺，一搖鈴才給狗食物，這樣配合幾十次後，只要隨時鈴鐺一響，即使不餵食物，狗也會分泌唾液。爲了對照實驗，他們將信號改成亮燈，只要燈一亮就餵食物，等到狗兒的反應被制約之後，只要亮燈，就會開始流口水。

巴甫洛夫將這情況稱爲「條件反射」，而且判斷如果沒有這種反射能力，動物和人在生存上可能有困難。

透過實驗，巴甫洛夫證明了「古典制約」，也因此獲得諾貝爾生理醫學獎。我們現在看來，制約已經是一種常識，可是，當時這項研究成果讓全世界爲之震驚。如此震驚是因爲當時人們認爲人的高貴是因爲靈魂的靈性，怎麼一下子會變成身體的奴隸呢？難道心靈意志的地位已經不再？

哈維再世

一九二八年，醫學家哈維誕生三百五十周年，巴甫洛夫應邀前往參加在倫敦舉行的紀念活動，各國學者紛紛向他歡呼，稱其爲「哈維再世」。

巴甫洛夫晚年領導蘇聯科學院生理研究所，即現在的巴甫洛夫生理研究所的工作。十月革命後，巴甫洛夫在列寧格勒建立了專門研究條件反射的實驗站。

一九三六年二月二十七日卒於列寧格勒，其畢生對生理學的貢獻無數，在世時被譽爲影響力最大的生理學家，他的研究成果是現在心理學上不斷被關注的重點科學，也被用來矯治人們的行爲，影響深遠。

發現液體滲透壓的化學家 范特霍夫

（Jacobus Hendricus Van't Hoff，一八五二～一九一一）

©The Nobel Foundation提供

實至名歸的諾貝爾化學獎

一九〇一年十二月，柏林正在下著白茫茫的雪，天尚未亮。

一個削瘦的中年男子，正在街上挨家挨戶地分送熱騰騰的牛奶。

他駕著載牛奶的馬車，來到一座住宅前，大門突然被打開，一位氣質優雅的中年婦人披著圍巾跑了出來：「范特霍夫先生，請你讓我畫張像作紀念好嗎？」原來這正是一位女畫家的家。

「爲什麼？」范特霍夫驚訝地問。

「等你回去看了報紙就知道了。」

「很急嗎？讓我先送完牛奶可以嗎？」

「不，不，只要五分鐘就好。」

女畫家很快地完成素描笑著說：「送給你當作紀念，范特霍夫先生！」

范特霍夫一頭霧水，帶著他的畫像離開，繼續把牛奶送完。回到牧場，處理好手邊工作時，才想到拿起報紙看，報紙上斗大的標題印著：「約可巴斯．范特霍夫，榮獲首屆諾貝爾化學獎。理由是他創立化學動力的重要定律，並研究出液體滲透壓……」

原來這送牛奶的人正是范特霍夫本人，這年他四十九歲，是世界上第一位諾貝爾化學獎的得主。

當年，瑞典皇家科學院總共收到了二十份諾貝爾化學獎候選人的提案，其中就有十一份是提名范特霍夫，讓他實至名歸摘下桂冠。

生平小記

范特霍夫在一八五二年八月三十日誕生於荷蘭的港口「鹿特丹」。讀書時，他的天資聰穎表現在許多方面，數學、自然、音樂都有很好的成績。中學時，范特霍夫對化學開始產生濃厚的興趣，各種五花八門的研究在他的手中變得生動有趣，常常就像展現魔術一般，表演給朋友們觀賞。

一八六九年，范特霍夫考取賴登大學，但是後來沒去註冊。

「畢業後，你打算上哪個學校？」父親問道。

「爸爸，我喜歡化學，我想唸化學。」兒子說出放在心底很久的話。

「化學能有什麼出路？到時候連飯都沒得吃！」選擇學校便是選擇職業，望子成龍的父親，跟兒子爲此爭吵了多次。

「去唸提福特工業學校！你的成績那麼好，當工程師一定沒問題！不要多說了。」當時唸化學很難有好的出路，而工程師的社會地位很高。范特霍夫順從地進入提福特工業學校，聰明的范特霍夫在工業學校裡如魚得水，三年的課程他在兩年之內就完成了。

一八七一年，范特霍夫畢業，再轉進賴登大學，讀了一年，因爲不能認同學校的研究方向，於是考進波昂的萊茵大學，成爲當時有名的有機化學家佛萊德．克庫勒的學生。克庫勒是個富有傳奇色彩的化學家，最有名的事件是他自言當年苦思苯環的結構不得，有次在午睡時，在夢中夢見群蛇狂舞，首尾相接，看來像個不停旋轉的六角形，醒來後靈光一現，立刻畫出苦思許久的苯環結構，這個結構應用至廣，是許多化合物的基本結構。

在波昂期間，范特霍夫因爲有良師啓發，他在有機化學方面有很深入的了解。除了化學，他平時用功，閱讀文史書籍，也創作文學，生活愉快。之後，他又前往法國巴黎跟隨醫學化學家伍茲學習。

一八七四年，范特霍夫回到荷蘭，在烏特勒茲大學獲得博士學位。他當時原本要以「空間原子結構」作爲取得博士的論文，但是又怕新理論會被保守的荷蘭學者批評得一文不值，所以他另外寫了一篇氰酸和丙二酸的研究報告，順利取得博士學位。

走在科學的尖端

取得博士學位之後的范特霍夫才敢發表「空間原子結構」的論文，他首先提出碳的四面體結構學說。

過去的有機結構理論以爲有機分子中的原子都處在一個平面內，事實上其中有許多無法解釋的現象，范特霍夫提出的立體理論解釋了平面無法解釋的問題，可惜沒有獲得重視，這篇以荷蘭文著成的論文被荷蘭學者們當作是一篇胡說八道的奇想謬論。

一年後的某天，范特霍夫突然接到德國化學家維斯利茲拉斯的電話：「范特霍夫先生，這篇論文簡直是劃時代的作品，請讓我翻譯成德文出版吧！而且可以讓我寫序嗎？……」

「太不可思議了，您何以會認爲我的理論正確呢？……」得知有人認同自己的論文，范特霍夫不可置信地說：「好的，請您翻譯了，我相信您，太感謝了！」

一八七六年，德文譯本的「空間原子結構」出版，因爲獲得德國學者的認同，范特霍夫很快地在學術界出名。不久，獲得烏特雷契獸醫學校助教的職位，第二年更被聘爲阿姆斯特丹大學的教授。

一八八四年，范特霍夫發表後來獲得諾貝爾獎的「化學動力論」，他在論文中清楚地解釋液體的滲透壓和大氣壓力關係，奠定現代溶液學說的基礎。但是范特霍夫的理論還是太新，沒有什麼人懂得，約三年後，因爲科學日益進步，他的論點才開始有化學家了解。

德國一向重視科學發展，發現范特霍夫的優秀後，一直想要邀請他前往德國，但是范特霍夫基於阿姆斯特丹大學的極力挽留以及擔心國人會誤會他叛離祖國，所以一直不敢出走。

一個科學家需要什麼？

一八九六年，當時范特霍夫的「化學動力學」已經發表十二年，突然被德國有機化學家哈曼・柯爾比拿來大作文章，柯爾比將論文批評得體無完膚、一文不値。

似乎唯恐天下不亂，竟然還有人將這篇批評文稿拿給范特霍夫看，范特霍夫只是淡淡地說：「柯爾比只是在浪費時間，他所說的理論無法推翻我研究出來的事實，不過他的數學不錯。」

沒多久，聽到消息的柯爾比匆匆地來到阿姆斯特丹，這位七十多歲的老科學家直接闖入范特霍夫的辦公室。

柯爾比大聲說：「你這傢伙，你的理論一定經不起實驗，因爲荷蘭沒有一處像話的實驗室，跟我到柏林大學去，你實驗給我看，看你的理論能不能成立！」

年高德邵的化學家把范特霍夫拉上馬車，當車子駛離後，他說：「我跟柏林大學打賭，你會作我的同事，所以我自己來這一趟。柏林大學將給你最好的待遇，給你設備完善的實驗室，每週只要上一次課，你有足夠的研究時間，你說，一個科學家還需要什麼呢？」

范特霍夫因此前往柏林大學，住在郊區的查洛登堡，柏林大學給他一片小農場，讓他可以在那裡做研究。

每天早晨，他以送牛奶作爲運動，送完牛奶後才開始一天的實驗，可惜在柏林大學才十年光景，就因爲肺病停止工作，病情嚴重，一九一一年，范特霍夫辭別人間。

范特霍夫的理論走在時代的前端，將化學謬誤的方向導正，還提出計算的方式。因爲有范特霍夫，化學研究的方向才得以調整往正確的路徑，人們沒有一直錯下去，才得以持續將正確的事實觀念挖掘出來，可惜他也走得太早。

佛洛依德

精神分析學之父

（Sigmund Freud，一八五六～一九三九）

受盡批評的心理學說

「你好歇斯底里！」

「你有戀母情節！」

「你變態！」

「你的人格有壓抑的現象，口腔期也沒有滿足。」

「你今天做什麼夢，我幫你解夢。」

如果這些話你常常掛在嘴邊，那你的意識跟潛意識裡，一定也有一部分被佛洛依德掌控了，但是如果你常常掛在嘴邊拿來罵人，那你肯定不了解佛洛依德原來的意思。

心理科學的桂冠「精神分析學之父」無庸置疑絕對非佛洛依德莫屬，他生平重要的著作有：《歇斯底里的研究》、《夢的解析》、《日常生活精神病理學》、《機智與潛意識的關係》、《性學三論》、《圖騰與禁忌》、《精神分析引論》、《精神分析新論》、及後人集其單篇論文而成的《佛洛依德全集》。

這些書如同佛洛依德的遭遇，在人間受盡批評考驗，因爲他挑戰的是人性！

生平小記

「一八五六年五月六日，我出生於摩拉維亞的福萊堡，現今捷克境內的小城。我的父母都是猶太人，因此我也是個猶太人。」佛洛依德曾這樣介紹自己。

他的父親雅各（Jakob）年紀相當大才生下他，年輕的母親艾美莉則是父親的第三任妻子。

英國漫畫家在《佛洛依德》一書中所放的插畫

他曾在回溯中提到：「三歲時，我們舉家遷往萊比錫，在路上見到火車的瓦斯燈明明滅滅、幽幽晃晃，進而聯想到人的靈魂，從此變得神經質。」後來佛洛依德自言以「自我分析」治癒。

沒多久，全家再遷往維也納，在當地接受教育，而他的大半生幾乎在那裡渡過，直到一九三八年，在希特勒迫害猶太人的暴行下，才舉家逃往倫敦。

在維也納讀書時，一路順遂，十七歲以最優等的成績自高中畢業。由於深受達爾文進化論的影響，所以興奮地決定習醫。

進入維也納大學醫學院成爲研究生後，醉心精神病學，二十五歲取得學位。翌年訂婚，並在這年轉入臨床醫學，專攻神經疾病。二十九歲獲得一筆獎學金，前往法國精神病院成爲沙考教授的門生。

當時的臨床療法還停留在電擊法，而沙考使用一套催眠的技術，佛洛依德後來除了使用催眠法，還發展出一套名爲「自由聯想」的技巧，現在已成爲心理分析中一套標準的評量工具。

佛洛依德和他的太太瑪莎

佛洛依德所開設診所的實景圖

三十歲跟瑪莎・伯奈斯（Martha Bernays）結婚，開設了私人的小診所行醫，並開展了他不平凡的研究和著作的路途。

《夢的解析》的命運

著名的《夢的解析》，就算你沒看過，你也曾經聽過其中許多的論調，比如大多數成人的夢都跟性欲有關；小孩子的夢通常沒有性欲，但是生活中有很多失望，所以常做最簡單的實現幻想之夢；夢會被包裝……。

佛洛依德所提出來的理論很常被批評爲「神秘、主觀」，比如又稱「伊底帕斯情結」的「戀母情結」，剛提出來時簡直嚇壞大家了，更甚的是他還把自己的經驗當作證據提出；或是「性是一切精神官能症根源」種種論調在當時對任何人都是很大的刺激。

《夢的解析》在今日早已經不知被翻譯成幾國文字，更不知賣了多少本，可是在初出版的時候只發行六百本，除了前兩個星期賣了一百多本，剩下的賣了八年才賣完，佛洛依德這八年一共只收到兩百多美元的稿費。

一直到出版十年後，這本書才受到重視，而這期間有人惡毒批評，甚至有人將這本書歸入通靈招魂書。

佛洛依德曾經無奈地說：「任何一個懂或不懂相對論的人都不敢隨便評價愛因斯坦的相對

論，可是，所有的男女老幼都敢批評我的理論，不管他們是否懂得心理學！」

「佛洛依德」之潮

說起佛洛依德對後世的影響當然不只是他所提出來的理論，而是在他的理論之下，有的學者附和認同，更重要的是有更多人不認同，智慧因著反對而激起一陣一陣的思潮，這才是偉大的地方！從這陣思潮而出的有阿德勒、容格，所以現今研究心理學思想會發現發展弔詭的現象，在新理論與舊理論之間似乎都在爲著推翻對方，可是又無法推翻，總是少了一部分，人性就說不完全，因此才造成今日多元歧異的各式心理學流派、學說。

佛洛依德不斷地修訂和發展他的理論，一九二三年《自我和本我》出版，他將人格結構分成自我、本我和超我，有別於《夢的解析》中的意識、潛意識和前意識的抽象，使得精神分析更容易被認識。

本我（id）是個體與生俱來的人格，就像嬰兒追求滿足與原始的「享樂原則」。

超我（superego）則是來自社會環境之中經由獎勵與懲罰的歷程而建立的「道德規範」的代表。

自我（ego）是自我遵循「現實原則」，正是現在這個控制本我、平衡超我的人格。

佛洛依德透過種種的分析將抽象複雜的人格簡單劃分出來，他是頭一個以科學方式分析個性的人，不同於其他人以藝術小說手法來分析人格的方式，但是他的方式卻又充滿魅惑人的吸引力。

佛洛依德的影響還包括文學和藝術方面，一九三〇年他就在法蘭克福獲得了「歌德獎」。佛洛依德描繪人格特性和結構，以及生活事件對情感的影響，和十九世紀當時小說對心理問題的自覺有雷同之處。若再閱讀二十世紀的小說中，則不難發現佛洛依德的了解方式，已大量進入了作者對於書的寫作架構、角色動機和創作對象中。

提煉單純的一生

佛洛依德嘗試從複雜的世界提煉出很簡單的元素這點很符合他的人格，大概是擁有太複雜的思想，所以在生活上盡量以單純來平衡，尤其在晚年，他不喜歡參加社交，討厭複雜款式的東西，包括他自己的與別人的，例如說他一向只保有三套衣服，三雙鞋子，三套內衣。

一九二三年，佛洛依德被診斷罹患下顎癌，從被診斷罹患癌症到過世的十幾年，佛洛依德飽受病痛折磨，手術損壞了他的聽力，他也必須重新學習說話，不過他仍然繼續執業，也演講許多議題和概念。

前文提到一九三八年，七十九歲的佛洛依德一家逃往英國倫敦，沒想到受到許多人熱烈的歡迎，美國克利夫蘭市也邀請佛洛依德前往美國安家，很多人寫信鼓勵他們，這是最讓他感到欣慰的。

更令他感動的是，六月二十三日，英國皇家學會的三名秘書帶來十七世紀中葉以來代代相傳的紀念冊，請他簽名，這個紀念冊上有科學家牛頓，還有他一直景仰的達爾文的簽名。

三個月後，九月二十三日，病逝倫敦，留下人性之夢，潛藏在每個角落。

榮獲兩次諾貝爾獎的女性 居禮夫人

（Marie Curie，一八六七～一九三四）

©The Nobel Foundation提供

一生中的英雄時代

一八九一年年底，二十四歲的瑪麗來到法國半工半讀，對於一個在俄權統治下的波蘭女孩，巴黎是一個驚人的花花世界，這裡有許多新鮮事她從來沒看過。但是，花花世界的貨幣價值也不是她能輕易負擔的，來到巴黎後，貧困的瑪麗婉拒了姊妹的幫助，在學校附近租了一間閣樓。

那年冬天特別冷，早上，瑪麗到一樓汲取洗臉水，提上閣樓時，水面往往已經結了一層薄冰。有時下課回家，手頭稍寬裕的她會買包取暖的炭，當炭燒完時，就只能裹著棉被發抖，忍耐寒冷，但她通常窮得連買包炭的錢都不夠，因爲買了取暖的炭，就沒有錢買食物。

除了生活上捉襟見肘，初到巴黎的瑪麗在學業上也有困難。她的法文不好，加上以前在波蘭受的教育不足以應付法國大學的課程，尤其是物理學科所必備的基本數學知識。因此，她把所有的閒暇時間，都花在圖書館裡，憑著堅強的求學意志，成績慢慢進步。兩年之後的一八九三年，學期期末考來臨，瑪麗以一個沒有受過正式科學訓練的外國女子的身分，取得了第一名的成績，拿到物理學碩士學位。

居里夫人在自傳中形容這兩年她在閣樓上苦讀的生活，是她一生中的英雄年代。

生平小記

一個人一生中能夠得到一次諾貝爾獎已經足以列名為偉人，而居禮夫人一生中竟然兩度獲得諾貝爾獎，實在是女性的驕傲。

居禮夫人名為瑪麗，於一八六七年出生於波蘭華沙，當時波蘭處於被俄國統治的失權狀態，從小目睹祖國與同胞的災難，使得居禮夫人深深了解國家的可貴，除了極具愛國心，聰慧的她亦在艱難的環境中養成堅毅的個性，遇上戰亂不只是逃避，還努力想辦法解決戰事前端的問題，例如她設計X光醫療車，讓受傷的戰士能夠接受正確的診斷。

前文提到年輕時瑪麗在研究所鑽研物理，以第一名的優異成績拿到物理學碩士，期間，她發現數學是研究科學不可缺少的工具，一八九四年，她取得波蘭華沙政府的獎學金後，決定再攻讀數學，第二年，她以第二名成績取得數學碩士學位。

二十七歲的瑪麗，整日埋首在物理、數學之間，努力吸收當時法國蓬勃發展的科學氣氛；在她到達法國之前，她曾經有一段情傷，因爲富有的男方家庭瞧不起貧窮的瑪麗，所以婚事告吹；或許因爲這種種因素，瑪麗對未來家庭生活一直沒有考慮太多。

不過，一八九四年的春天，命運的安排讓她意外遇見皮耶．居禮（Pierre Curie）。兩人一見鍾情，互生傾慕愛苗，他們的人生在志趣相投下產生了驚人的化學變化。

由於有瑪麗的鼓勵，皮耶於一八九五年完成博士論文，獲得巴黎大學物理學博士學位，也在巴黎理化學院爭取到正式教職，同年，他們結下連理，世稱瑪麗爲居禮夫人。一八九七年秋天，三十歲的居禮夫人生下長女，並於不久之後開始把重心放在巴黎大學的博士學位。

研究鈾元素

居禮夫人在思考博士論文的題目時，注意到貝克勒爾（Becquerel）有關「鈾」的報告，因此開始在非常簡陋的實驗室裡研究鈾。

一八九六年二月，法國科學家貝克勒爾發現鈾的化合物會發出一種不同於X射線，但同樣具有穿透能力，使照相底片感光的射線，稱它爲鈾放射線。這是人類第一次發現放射性。但是，貝克勒爾對於鈾的研究報告並沒有受到重視，甚至到最後連他自己都失去興趣，反而是當時的居禮夫人注意到了。

居禮夫人在極端困難的條件下，對當時已經發現的約八十種元素做放射性檢驗。她設計一台可以檢驗放射性元素的機器，還分析出：一切放射性元素的輻射強度只跟元素數量成正比而與元素的性質無關。

居禮夫人在分析瀝青鈾礦時發現瀝青的放射性竟然比礦石中的鈾強四倍，所以她肯定瀝青鈾礦中一定還有尚未被人們發現的新元素。爲了提煉出新元素，居禮夫婦花費四十五個月的時間，才從八噸重的鈾礦廢渣中提煉出十分之一克的「純氯化鐳」，這工作遠比他們當初預設的狀況辛苦多了。

純氯化鐳經過光譜分析和原子量測定，證實鐳是一種新的放射性元素，過程中，他們也發現許多原本被認爲是正確的定律都受到了挑戰與質疑，進而揭開放射性元素的謎底，更修正當時「原子不變定律」、「質量不滅定律」、「能量不滅定律」…等的定律，近代物理學才從此刻誕生。

兩座諾貝爾獎

一九〇三年六月，居禮夫人得到巴黎大學的博士學位。同年十二月，居禮夫婦共同獲頒諾貝爾物理獎。

鐳元素在醫學中有很多應用之處，例如治療癌症，因此很多人想向他們購買專利。沒想到居禮夫婦不願意申請專利，因爲他們認爲研究的目的是爲了提供人類無私的服務。不久，世界上第一台鐳輻射儀誕生，並首先用來治療癌症，使得無數的患者生命得到了延續。

不幸地，居禮先生在一九〇六年車禍喪生，但是居禮夫人依舊秉持嚴謹的研究態度，在科學領域中努力不懈。

一九一一年，瑞典科學院授與居禮夫人諾貝爾化學獎，表彰她爲放射性元素化學做出的種種貢獻。居禮夫人不只在放射性元素的化學醫學上有卓越的功績，同時也是核能利用的先驅。她一生除了獲得兩次諾貝爾獎，還被二十五個國家授與一百零四個榮譽職位，七個國家頒與二十四個榮譽稱號，而且她的長女跟女婿克紹箕裘，也在一九三四年再得一座諾貝爾化學獎！

得了無數的榮譽，絕不代表居禮夫人過得一帆風順，在夫婿逝世後，她的私生活經常遭受他人無情的批評，甚至捲入過一場婚外情醜聞。事實上，生爲女性的她，因爲性別受到許多不公平的待遇，在她最引以爲傲的學術殿堂中，也是禮教吃人，但是居禮夫人一步步走出自己的路，諸多的榮譽、可怕的抹黑、讓人遺憾的性別歧視，這些都沒有困擾迷亂居禮夫人的腳步。

甚至，愛因斯坦推崇居禮夫人對科學的直覺及對工作的熱誠，他說：「所有名人當中，瑪麗・居禮是唯一沒有被名聲榮譽損毀的人。」

一九三四年，由於長期照射輻射，居禮夫人得了血癌，爲科學殉職。至今，她展覽在博物館中的筆記本，一旁還豎立著「小心輻射」的警告招牌。

©The Nobel Foundation提供

解開血型之謎的血型之父

蘭德施泰納

(Karl Landsteiner，一八六八～一九四三)

世界捐血日

很多人都不知道六月十四日是「世界捐血日」，「世界捐血日」是個全球性的活動，它是由世界衛生組織、紅十字會和紅新月會國際聯合會、國際捐血者組織聯合會及國際輸血學會等共同發起的捐血活動。爲何定六月十四日呢？因爲這一天正是發現ABO血型系統的諾貝爾醫學獎得主蘭德施泰納的出生日期。

血型很重要嗎？平常的確沒什麼，可是一旦面臨需要輸血的時刻，如果輸錯血，造成血球溶血反應可是很嚴重的，輕則過敏，重則休克、死亡。所以在血型還未被了解的時代，醫生知道輸血可以救治失血過多的患者，可是有的可以存活，有的卻會死亡，沒有人知道爲什麼，在這麼冒險的情況下，自然只有眼睜睜看著病患因爲失血過多而死亡。

生平小記

蘭德施泰納於一八六八年六月十四日出生在奧地利維也納，他的父親是地政事務所裡的小職員，爲人勤樸誠實。蘭德施泰納小學的時候常常跑到附近的一家公立醫院去玩，這所規模宏大的醫院還附設有一座醫學院，蘭德施泰納與這裡的學生混得很熟，居然混到他們的解剖室裡，擠在學生堆中一起看他們解剖屍體，而這個七歲的孩子表示他一點都不怕。有一次，蘭德施泰納居然拉著一位教授的衣袖說：「先生，我很想看看一個人在斷氣的時候是什麼樣子。」於是，大家都認爲蘭德施泰納是一個怪孩子。

蘭德施泰納八歲上小學，常常放學就跑到隔壁醫學院的圖書館裡，找些有插圖的醫學雜誌當作連環圖畫看。他的記憶力很好，學校的功課表現優異。十七歲考進維也納大學，教授們發現他對醫學的知識豐富，以爲他出身於醫學世家，一問之下，才知道原來他只是地政所職員的兒子。

蘭德施泰納被學校當局列爲特殊天才少年，按照維也納大學的規定，凡是特殊的天才青年，如果願意依照他的天才選科，可以免讀一年預科，同時爲了培育天才，全部採公費處理，這在蘭德施泰納來說，眞是好消息。

一八九一年，只有二十三歲的蘭德施泰納取得維也納大學醫學博士學位，但是在他得到了學位之後，卻很不得志，掛牌行醫的蘭德施泰納，因為太年輕，沒有人相信這個年輕孩子會醫病，所以沒有病人願意讓他看病，最後友人勸他關閉診所，到他老家隔壁那所公立醫院附設的醫學院裡去教書，於是，蘭德施泰納成了病理學的教師。

嶄露頭角

蘭德施泰納一邊教書，一邊自修，他博覽群書，廣泛實驗，做著他最有興趣的工作。

一天下午，蘭德施泰納聽見醫院裡的走廊有一個婦人的哭聲，他過去一打聽，原來是這婦人的孩子患了癱瘓症，醫生宣布孩子已經無法治療了。

蘭德施泰納向主治醫生說：「這孩子可不可以交給我來治療？」

主治醫生想一想說：「那你去走廊上問那位哭泣的婦人好了。」

蘭德施泰納去問孩子的母親，這母親一聽，馬上說：「請你幫忙，治好了，我會很感激你，治不好，我也不怨你。」

蘭德施泰納根據他所學的技術，把這個孩子的病移植到一隻猴子身上，讓猴子也癱瘓後，他在猴子身上做實驗，研究醫治的方法。

後來他竟然將絕症治癒，將孩子醫好，這時大家才發現他是一個很有能力的醫生。第二年，蘭德施泰納的母校維也納大學聘請他為病理學教授。

不過，當時，因爲奧地利的政治趨於沒落，教育也沒有人重視，蘭德施泰納在維也納大學邊教學邊研究，七年之後，接受荷蘭大學的聘書，離開維也納大學。

揭開血型密碼

十六世紀，哈維發表《血液循環論》，醫學家開啓眼界，順利地研究人體三百多年，就在大家都認爲對人體已經有相當認識的時候，醫學上有了一項大進展，就是美籍奧地利裔免疫學家蘭德施泰納發現人類四種主要的血型系統——A型、B型、O型、AB型，這項驚人的發現啓發了醫學及遺傳學上的許多問題，也讓他榮獲諾貝爾生理學醫學獎，並被譽爲「血型之父」。

第一次有記錄靜動脈的輸血是在一六七四年的法國，結果失敗，當時是將羊血由銀製的細管輸入人體，該病患經過兩次輸血後死亡。其後相信有許多醫生嘗試以輸血醫救失血過多的人，但是成功與失敗卻是靠運氣，直到蘭德施泰納初步揭開血型之謎。

蘭德施泰納的發現在今天最實際的應用便是：人們輸血前必須先檢驗血型，因爲輸錯血可能導致致命的後果。

我們的血清中有α和β兩種「凝集素（agglutinin）」，又稱爲抗體；在紅血球表面有A和B兩種「凝集原（agglutinogen）」，又稱爲抗原。

這些物質都具有黏合性，A抗原和α抗體，B抗原和β抗體各是冤家，絕對不能碰在一起，否則就會發生凝集。

抗原跟抗體會凝集的原理可以用來測定人的血型，例如A型血就是紅血球有A抗原，血清中有β抗體；B型血就是紅血球中有B抗原，血清中有α抗體；AB型就是紅血球有A和B兩種抗原，血清中沒有抗體；O型血則是紅血球沒有抗原，血清中有α和β兩種抗體。

所以A型血遇上B型血時，就會造成原有的A抗原跟B型血中的α抗體反應，造成紅血球凝集，無法運輸養分、氧氣等等，產生嚴重後果，也就是溶血反應，嚴重會致死。

而且蘭德施泰納更發現從紅血球表面的抗原可以推測人的種族，血型的形成跟遺傳有絕對的關係，因此蘭德施泰納發現血型還可以用來做親子鑑定，他的發現初步揭開血型密碼。

一九〇〇年，蘭德施泰納在荷蘭大學第三年時，完成ABO血型的論文，這項發現使得相同血型的人可以互相輸血，挽救了無數的生命。

雖然大多數人的輸血問題解決了，可是爲什麼還是有些人的輸血結果是不成功？蘭德施泰納在一九四〇年的另一重大發現，是他和A.S.威納（A.S. Wiener）發現了Rh血型。

原來人類的血型抗原組很多，各種血細胞都具有各種抗原，紅細胞血型是人們最早發現的，也是抗原最多的，除了人所皆知的ABO血型之外，還有Rh、Kell、Duffy、Lutheran、Mnss、Lewis、Kidd等不同類型，陸續被發現，逐漸解開血液之謎。

血型權威

一九二二年，美國的羅克斐納醫學研究機構聘請蘭德施泰納爲研究員。邀請他到紐約專心做血型分類研究工作，但是蘭德施泰納因爲很早就仰慕中國文化，他請求派他到羅克斐納機構設立在北平的協和醫院裡工作。

這年，蘭德施泰納帶著家眷抵達北平，在實際進入後他發現協和醫院雖然規模宏大，研究設備卻非常地簡陋，所以有些計畫中的工作根本就不能進行，於是他在第二年就回到了紐約。

蘭德施泰納在紐約羅克斐納醫學研究機構備受重視，有了機構的全力支持，也加速他的血型分類研究工作，同時他在病理學上、細菌學上，以及小兒痲痹症都有相當的貢獻，於一九三〇年，獲得了諾貝爾醫學獎。隔年又得到了德國的愛得利契獎章，一九三五年得到了荷蘭的紅十字獎章，於一九三九年光榮退休，一九四三年六月二十六日在紐約去世，享年七十五歲。

一九三〇年血型分類和鑑別是外科手術的生理學基礎。十九世紀末，輸血已被用於婦產和其他外科手術中。但是，由於當時對血型生理缺乏認識，因此常常出現醫療事故。即使是現代，人類對血液的認識還未達全面，我們還有很多需要努力的空間。

©The Nobel Foundation提供

建立原子行星模型的物理大師 拉塞福

（Ernest Rutherford，一八七一～一九三七）

原子行星模型

現今我們常常可以看到帶負電的電子繞著電子核旋轉的「原子行星模型」，這個圖樣常被用來當做是核能的代表符號，形狀像是地球繞著太陽旋轉，而電子就像小小的地球，占原子質量百分之九十九的原子核則像是太陽，帶負電的電子不停地在軌跡上繞著帶正電的原子核旋轉。看起來如此簡單的原子核模型在誕生之初可是充滿艱辛的，而這個模型也讓很多科學家傷透腦筋，經過很多複雜實驗及計算才挑戰古典物理學成功。

最早爲「原子」描繪圖畫的是英國科學家湯姆生，他畫出來的原子像是葡萄乾嵌在麵包中，所以當時人們稱這個原子模型爲「葡萄乾布丁模型（Raisin-Pudding Model）」。拉塞福是湯姆生的學生，後來以實驗推翻老師的「葡萄乾布丁模型」，建立「原子行星模型」，被譽稱爲

「核子科學之父」。

生平小記

拉塞福於一八七一年八月三十日出生於紐西蘭，五歲開始接受小學教育，說來讓人無法置信，但在那小小的年紀，拉塞福就已經擁有一本《物理學入門》讀物，他甚至在書的封面寫上自己的名字。

不要以為拉塞福是名門之後，其實他的父親只是一位務農工人，而他的母親也只是位愛護家庭的平凡主婦。拉塞福在十二個兄弟姊妹中排行老四，因為父親重視孩子的教育，所以家中的好幾個孩子都受過大學教育。

拉塞福從小就很聰明，興趣廣泛，不只是個優秀的好學生，還屢次獲得獎學金。除了讀書，他平時也愛好戶外活動，閒暇時則會幫忙父親工作。一八九一年，拉塞福以「電磁研究」，申請科學展覽獎學金，並於獲獎後，申請進入劍橋大學的三一學院深造。

拉塞福在劍橋得到物理學教授湯姆生（Thomson J.J.）的指導，讓他深感興奮，他曾經在信裡告訴家人：「我很高興到了劍橋大學，我非常喜歡湯姆生教授的教學與研究，他正如我想像的一樣。」

一八九八年夏天，拉塞福到加拿大蒙特婁的麥基爾大學（McGill）擔任麥克唐納實驗室的物理教授。湯姆生期望拉塞福可以獲得更輝煌的成就，也鼓勵他把握這個千載難逢的好機會，前往蒙特婁。

解決放射性元素的問題

在麥基爾大學，拉塞福和英國的科學家索迪一起研究放射性元素，發現了阿伐粒子（α）和貝他粒子（β），並且完成放射性轉變的學說。在這以前，科學家們對放射性元素的變化情形，看法都不盡相同，眾說紛紜，莫衷一是。拉塞福他們將研究成果發表之後，解決了長期的混亂局面，種種疑問也獲得了解答。

拉塞福因為放射性元素衰變研究榮獲一九〇八年諾貝爾化學獎。

後來，有學生問拉塞福：「教授，您是怎麼發現放射性物質的？」

拉塞福頓了一下，回憶說：「我記得在七年的時間內，我沒有想過其他的事。」

射擊遊戲實驗

幾年間，拉塞福的許多成就使得麥克唐納實驗室的聲名傳遍世界，拉塞福也一直滿足於那裡美好的環境和設備。

一九〇七年，拉塞福回到英國曼徹斯特的維多利亞大學擔任教授，許多年輕學者聞風而至，放棄原來的工作，前來加入他的卡文迪許實驗室研究行列。在這裡，拉塞福在助手們的協助下，完成了一生中最重要的研究，就是阿伐粒子和金箔的碰撞反射實驗。

實驗方式是以阿伐粒子去撞擊很薄的金箔，用螢光觀測阿伐粒子散射的情況，他驚訝地發現，阿伐粒子大部分可以直線穿透過金箔，只有極少量的阿伐粒子會偏轉一個很大的角度或是被反彈回來。

實驗結果分析顯示原子內部結構不像葡萄乾布丁，而是有許多空隙，於是，拉塞福以天體行星旋繞太陽的想法，提出新的「原子行星模型」。這個實驗的結果推翻老師湯姆生的原子模型，同時也引起許多支持古典物理學學者的質疑。不過，這個實驗結果後來還是被其他研究者，例如波耳等人一同證實。

拉塞福常常戲稱自己在玩石彈，或是用海軍的巨砲射擊一張紙，但炮彈卻會彈跳回來打到自己的說法來讓別人明白他的「射擊遊戲實驗」。在應用上值得一提的是，美國在一九六七年發射人造衛星「探險家五號」，也是巧妙利用拉塞福的實驗方法，探測到月球表面物質的組成。

前進吧！鬥士！

「前進吧！上帝的鬥士。」這是拉塞福常掛在嘴邊的那句口頭禪。拉塞福的一生，都奉獻在科學研究上，據說他也是一個好老師，桃李滿天下，培養出很多好學生。維持充沛的活力和孜孜不倦的研究精神，是拉塞福成功的最大秘訣，常保一顆年輕謙虛的心靈，總覺得還有許多實驗等著他做，一九二三年，皇家學會要求他出任會長時，他說：「我還沒老，請允許我在研究上繼續努力，別分散我的精神！」

一九三七年，拉塞福逝世，被葬在西敏寺，在靠近牛頓的位置。

雖然拉塞福安息了，可是他的影響力非常深遠，第二次世界大戰一開始，他的研究室人員及學生就聚集在一起，替英國發展新的雷達，以對付敵國的潛水艇，直接幫助海軍擊沈日本軍艦。另外，跟隨拉塞福研究的波耳等人員，還引導了原子彈的研究工作，美軍在長崎和廣島投下原子彈以後，日本立刻投降。當時原子彈被用來弭平戰爭，可是現在的核子武備卻叫世人害怕不已，如果拉塞福知道自己玩的「射擊遊戲」最後竟然變成原子彈，不知道心情會是如何？

愛因斯坦

二十世紀最偉大的天才物理學家

（Albert Einstein，一八七九～一九五五）

啓蒙

天空很藍，微風徐徐地吹著，生病的孩子孤單躺在床上，望著窗外。他，愛因斯坦，無聊地玩著爸爸送給他的指南針，指南針轉呀轉的，一會兒又停在原來的方向。

「這是怎麼回事呀！爲什麼指針會停在同一個方向呢？太奇怪了！這個大自然的背後一定有一股神奇的力量！到底是什麼呀？」五歲的愛因斯坦，憑著他敏感的直覺力，腦海裡閃過一串串沒人能幫他解答的問題。他的想法與問題，別人不懂，小小的他也不懂得如何表達，只能任由腦中湧出太多連自己都還不懂的好奇。

鄰居家年紀較小的孩子，話都已經說得很好，可是三歲的愛因斯坦還無法流利地講話。到了六歲，還是一副傻傻的模樣，父母親常常擔心愛因斯坦的腦子是不是壞的。上學以後，不只父母擔心他，連學校的老師也拿他沒輒。

愛因斯坦總愛在上課時看著窗外景物，或是雙眼盯著前方發呆，沒人知道他在想些什麼，上課上到哪他沒注意，要求他唸課文的時候他也唸不出來，老師甚至因此認爲他不用功也不會閱讀。這樣的情況週而復始，講求嚴謹的德國老師沒有一個人受得了愛因斯坦的求學態度。

「懶惰！愚笨！嚴重退步！請父母注意！」拿到這樣的評語大概沒有任何一個學生或是父母會高興吧。

「老師上的課這麼無趣！只要我死記！今天那個問題很簡單，爲什麼要花一個星期的課去解釋呢！」父母認爲他狡辯，老師認爲他藉口一堆，身邊沒有人認眞去了解小愛因斯坦的苦悶，他變得更不愛解釋，更放縱自己翹課玩樂，顯得更加孤僻。

直到十二歲，愛因斯坦有次得到一本幾何書籍，看了幾頁，越看越有興趣，每每一思考書中問題，問題的答案便從腦海裡一一跳出，如魚得水，越研究越覺得自己像走在迂迴迷宮中，峰迴路轉，有趣又興奮。

「啊！原來如此！就是這個！」原本散落在愛因斯坦腦中零散的知識拼圖，突然刷地一塊接著一塊組合成一幅美妙又有意義

愛因斯坦所用的書桌

年輕時代的愛因斯坦

的知識圖表。以前老師上課的內容不再完全無趣，昨天老師講的公式，好像也有了意義。愛因斯坦似乎開竅了。從這以後，他開始自修物理、化學、幾何、數學，甚至哲學的科目，並且很快地靠自己弄懂大學程度的數理。

六歲到十四歲間，愛因斯坦持續學習小提琴，但因爲他不喜歡老師要求他強記的教學方式，一直到十三歲技巧成熟時，他才開始從音樂中獲得樂趣，其中最讓他著迷的是莫札特的奏鳴曲。音樂讓愛因斯坦在忙碌之餘得以放鬆心情，帶給他無與倫比的快樂和生命簡單、平衡的一面。

愛因斯坦一直熱愛音樂，他曾說，如果不當科學家，他一定會成爲一名音樂家。每當思考辛苦疲累的時候，愛因斯坦都會將自己沉浸在音樂之中，或許在一曲過後，突然就來個靈感，或許是讓自己忙碌的腦子歇一歇腳步，另闢一條新路。所以，他是科學的，也是浪漫的。

愛因斯坦喜歡沉浸在音樂之中

生平小記

愛因斯坦生於一八七九年的德國小鎮烏姆（Ulm），於一八九六年自高中畢業後，進入蘇黎士聯邦技術學院（ETH）就學。就讀工學院期間，愛因斯坦更加執著研究他自己熱愛的科目。性格孤獨的他，跟從前一樣，對有興趣的事物沒有理出頭緒一定不能自拔，而沒興趣的事物則是理都不理，讓老師相當無奈，甚至不滿。

一九〇二年，生活不順遂的愛因斯坦經友人幫忙進入瑞士首都伯恩的專利局工作，負責審核專利權的申請。雖然在專利局的待遇並不好，但是由於工作輕鬆不繁重，反而讓愛因斯坦多了很多思考的時間。他常在工作之餘，在紙上畫一堆別人看不懂的數理符號，有時出神，心不在焉，有時唸唸有詞，也不知在唸些什麼。

愛因斯坦於一九二一年獲諾貝爾獎的獎章

一九〇五年，愛因斯坦二十六歲，在沒有任何名師指導，缺乏研究的儀器和資料下，他發表了三篇劃時代的論文向蘇黎士大學申請通過博士，論文中沒有引用任何文獻，內容更是震撼整個科學界。第一篇論文是關於讓光能轉化為電能的光電效應；第二篇論文是探討懸浮粒子不規律移動的布朗運動；第三篇是關於電力學的狹義相對論。這三篇論文就其邏輯的嚴格與大膽而言，一直到今天都尚未有人能夠超越。

十七年後，一九二二年十一月十日，愛因斯坦以「光電效應的法則」獲得了一九二一年的諾貝爾物理學獎。有趣的是，當時的評審都還弄不清相對論，所以甚至無法以相對論的名義給獎。

創造未來

一九〇五年愛因斯坦提出三大理論，一百年後，二〇〇五年的我們所使用的許多消費科技產品，像是數位相機、CD、DVD、GPS…等，其實都是因循愛因斯坦的理論發展出來的，沒有了愛因斯坦，人類的生活能有現在這麼便利嗎？

$E=MC^2$來自愛因斯坦所提出的「相對論」，在質能的變化關係中，加入了速度，後來竟然發展出原子彈，成爲人類社會中和平的夢魘。不過現在廣泛應用的全球衛星導航定位系統，也是拜相對論所賜。雷射印表機、數位相機、CD和DVD以及太陽能電池等日常用品，都是從愛因斯坦所提出的「光電效應」理論發展而來。

愛因斯坦探討分子運動的「布朗運動論」，

愛因斯坦講述相對論的神情

更被應用在醫學上的病毒篩選，甚至連股市的漲跌盤勢也可以運用相對論來模擬。所以愛因斯坦的偉大，正是因爲他的理論研究，創造了未來，改變所有人類的生活。

孤獨的智者

沒有現在這麼多可見的發明品，愛因斯坦起初會成名只是憑藉其驚人的理論，許多人慕名去聽他的演講，但根本聽不懂，後來愛因斯坦慢慢了解這些聽眾的心態，也慢慢調整自己的演講方式，他會在演講的前半部講些勵志的話，讓聽眾聽懂，講完後說：「現在中場休息，請那些對今天演講題目不感興趣的女士、先生們可以先離席了。」

愛因斯坦很羨慕卓別林擁有眾多知音。一次，他們在一個活動遇上，愛因斯坦說：「卓別林先生，您眞偉大，您演的電影人人都能看懂。」

卓別林立即答說：「您也很偉大，人家對我鼓掌是因爲了解我，但是人家對你鼓掌卻是因爲不了解你呀！」

是呀，不知道當時徒步在普林斯頓大學城的愛因斯坦會不會在驀然回首時想到：學術之路是多麼漫長、寂寞呀！又曾不曾想過：他手中掌握的是多不可思議的未來能量！

佛萊明

發現盤尼西林的科學家

（Alexander Fleming，一八八一～一九五五）

抗生素小檔案

從眞菌中提煉出來的醫藥，我們歸納爲「抗生素」，盤尼西林正是抗生素其中的一種，也是第一個被廣泛使用的抗生素，治癒了許多當時無可救藥的疾病。

抗生素唯一的功效在於殺死細菌，沒有消炎的功能，沒辦法止住鼻涕、咳嗽，不能讓你頭痛消失，也無法殺死病毒，而且特定的抗生素，才能殺死特定的細菌，沒有一種藥是萬靈丹。所以，除非細菌感染，否則一般感冒並不需要使用抗生素，因爲感冒主要是經由病毒傳染。

有些醫生爲了留住病人，刻意縮短病患生病的時程，用了不需要的抗生素藥物，這些藥物造成細菌不斷突變，最後變成具有頑強抗藥性的細菌，這個反噬的後果是很嚴重的，因爲下一個感染新細菌的人，不是得使用更「毒」的藥物來治療，便是無藥可醫。

抗生素的使用已有數十年，衛生研究單位發現細菌的抗藥性後相當謹慎，一直向大眾與醫療單位宣導警告，不要隨意濫用抗生素，否則新的細菌會形成人們無法治療的嚴重流行疾病。如果有必要使用抗生素，也一定要遵循醫師處方，定時定量服用完整。

生平小記

一八八一年，佛萊明出生在英國，父親務農，佛萊明是家中八個孩子之中最小的老么。因爲家裡貧窮，佛萊明無法繼續升學，十六歲去商船公司工作，直到二十歲，因爲姑母將遺產留給他，有了學費，他才得以進入倫敦大學的聖瑪莉醫學院就讀。畢業之後，佛萊明留在倫敦大學的萊特研究室從事醫學研究工作，專攻細菌病理學。

發現盤尼西林

一九一四年，第一次世界大戰爆發，佛萊明被派往法國，在英國陸軍醫療隊當上尉軍醫。在治療受傷的軍人時，他發現強烈藥劑對病人有時反而有害無益，雖然可以消滅一些病菌，但同時也殺死了最能使身體抗菌的白血球。因此，佛萊明決心退伍後，要回到實驗室找出對人體組織無害的抗菌素。

一九二二年，佛萊明奇異地發現，人的眼淚含有一種物質，可以除掉某些細菌，他稱這種物質爲「滅菌劑」。另外，佛萊明也在汗水、唾液和胃液裡發現滅菌劑，這些物質和身體裡的白血球一起工作，抵抗有害的細菌。

由於當時的顯微鏡功能還不是很好，所以爲了要在顯微鏡下研究細菌，科學家必須在膠碟裡培養細菌。爲了避免別的細菌侵入，這些膠碟都必須加蓋，等原來的細菌繁殖，形成一小堆容易分辨的一團菌，大到不用顯微鏡也看得見，才取出研究。

一九二八年，佛萊明正在研究某些引起癤和傳染病的細菌。實驗室裡，有一百個以上的膠碟培養基，佛萊明每天打開蓋子，檢查在培養基裡細菌的生長。某天，「僥倖的事」發生了。

佛萊明注意到有一堆藍綠色的黴菌，在其中的一個培養基裡生長。他懊惱地想：「那一定是打開蓋子時，不小心飄進去的黴菌。」這種事常發生在培養細菌的實驗室裡，因爲當時並沒有所謂的無塵室。

普通的科學家在懊惱「又毀了一碟」的心態下，可能就將培養基丟棄了，但佛萊明的好奇心讓他把這培養基拿來檢查，他仔細觀察著培養基，還用顯微鏡仔細查看了一番。這一看讓他大感興奮，因爲在這群綠毛黴菌周圍都沒有金黃色葡萄球菌：「不得了了，爲什麼碟上的細菌都死了！」

佛萊明取一些黴菌置換在乾淨無菌的膠碟裡，然後開始放各種不同的細菌在一起，有些碟子裡的細菌毫無反應，但有些細菌被黴菌完全消滅了。佛萊明心中狂喜：「太驚人了！研究細菌學多年，這樣的情形自己還是第一次看到！」

於是，佛萊明開始在各種不同的溶液裡培養黴菌，他發現這些液體也可以殺死某些細菌。讓黴菌生長幾天後，還可以看見一種金色液體分泌出來，他用水和金色液體混合，也殺死了某些細菌。在確定這些東西可以殺菌後，佛萊明嘗試確定這種青黴菌是否能殺死動物內的細菌，而不致傷害身體組織或毀滅白血球。他把它注射在患著白喉、肺炎和腦膜炎的老鼠和兔子身上，這些生病的動物竟然被治癒！

佛萊明將發現的青黴菌命名為「盤尼西林（Penicillin）」。

佛萊明從事醫學研究工作

臨床實驗

佛萊明把溶於水的金色液體放進軟膏，在醫院塗擦病人的傷口，但他失望了，因為療效不彰。在實驗了幾年之後，一直無法有更進一步的發展。後來與其他專業人士一起研究後，改將金色液體乾燥成粉狀後，才突破了之前保存期限太短與效果有限的窘境。

一九四一年，由一同研發的佛羅瑞博士從事第一次盤尼西林的人體實驗，但是因為盤尼西林的分量不夠，使得好轉的病人最後還是死亡，但是醫學界已經認定盤尼西林是一種奇妙的滅菌素，只要有足夠的盤尼西林可用，就可以救活被細菌感染的病人。

但是，盤尼西林很難製造。而且這時遇上第二次世界大戰，成千上萬的人受傷，需要大量的盤尼西林。英國已經動用所有的工廠和人力製造軍需品和防禦品，只有美國還未參戰，便利用美國工廠，再由許多人共同研發，製造大量的盤尼西林。一九四四年，幾噸的盤尼西林被製造出來，並用船運輸到海外的戰場，數千名戰士的生命都因這可貴的青黴素而獲救。

同年六月，佛萊明和佛羅瑞博士，因發現和發展盤尼西林，由英國國王封爵位。一九四五年，盤尼西林讓這群努力不懈的研究者獲得諾貝爾醫學獎。

直至今日將近八十年的歲月中，醫學上陸續發現各種抗生素，而盤尼西林這項抗生素或許拯救了無數人的生命，但是，抗生素濫用的抗藥性危機也已經發生，種種驚人的傳染疾病，來自於抗藥性更高層的細菌，人們用的滅菌素越強，所對應突變產生的細菌更強，發生的疾病更可怕！

我們該反省檢視的是什麼呢？下個世紀，盤尼西林還能有效用嗎？人們該用心看待藥物濫用的危機！

波耳

促使原子核分裂的科學家

（Niels Bohr，一八八五～一九六二）

©The Nobel Foundation提供

原子的能耐

二次世界大戰時，美國在日本廣島、長崎投下兩顆原子彈，死傷無數，日本投降，人們第一次認識原子的威力是這樣的可怕。

再來，對原子能量的認識，便是核能發電廠。

發電廠的種類有許多種，水力、火力、核能等等，其中以水力發電對環境的影響最輕微，而火力發電產生的煙霧還會汙染空氣，核能的發電效力強，可是廢料的輻射性也跟著影響環境。

如果發電廠運作有個不慎，下場就像原子彈爆炸，但已經不只是當時投擲在日本的那種原子彈，而是因著科技更可怕的能量。例如，一九八六年，蘇聯的車諾比核災，這場核災慶幸的是沒有炸到最多鈾藏的區域，可是結果已經相當於五百顆投在日本的原子彈那樣的能量釋放，造成三十多萬人因輻射死亡，損失之慘重難以用金錢衡量，對於生命以及地球的傷害，更是永難彌補，當時聯合國救災基金為了這個災害幾乎全數用盡。

目前全球約有三百多座核能發電廠在運作中，基本上是安全的，但是發電廠周圍的輻射影響、排水使魚蝦變種、輻射廢料處理等等，都是相當棘手的環保問題。

如今人們的生活跟電力息息相關，沒有電的日子沒有人能夠忍受，地球的環境因著種種汙染及影響日漸脆弱，將來地球會面臨什麼困境呢？

原子的潛能便是由科學家波耳引導出來，讓我們一起來認識他，看看他怎麼改變歷史。

生平小記

一八八五年十月五日，波耳生於丹麥的首都哥本哈根，並在哥本哈根大學接受教育。

波耳的父親是一位生理學教授，在哥本哈根大學讀書時，波耳並沒有表現出特殊的才華。他的博士論文將原子論與量子論相提並論，被師長們認為是一種大膽的假設，沒有受到重視。

一九一一年，波耳二十六歲，取得博士學位後，從祖國丹麥到英國的劍橋大學繼續深造，波耳在劍橋跟隨湯姆生教授學習。一九一二年，往曼徹斯特大學與拉塞福做研究，奠下原子模型的概念。回國後，設立哥本哈根理論物理研究所。

一九二二年，獲得諾貝爾物理獎。波耳終身研究原子，也為控管原子能努力，一九六二年十一月十八日於丹麥逝世。

氫原子發出的光

一九一二年，波耳前往曼徹斯特大學跟隨拉塞福從事放射性物質的研究工作，當時拉塞福的研究室，主要是研究原子的結構。

拉塞福建立的原子模型是行星運轉模型，電子像行星般繞著原子核旋轉，原子核就像太陽系中的太陽。依據電磁學的原理，電子運動會放出光，可是再深入研究之後，波耳發現拉塞福的原子模型，不夠滿足實際的狀況，可是一時之間，波耳也無法提出完滿的解釋，但是他持續認真地研究著。

在陷入思考困境之時，波耳的好朋友，也是後來出任哥本哈根大學校長的漢新，讓他的研究靈感再現。

漢新說：「你可以研究一下原子發出的光，據說氫原子發出的光很有規則，說不定其他的也是如此。」

波耳猛力一拍自己的額頭：「對！對！就是這個！」波耳馬上奔回實驗室，將研究報告取出，原本的困境陰霾一掃而空，他開始不眠不休地實驗研究，建立起對原子學有卓越影響的

「波耳定律」：

電子在原子內只能存在於特定的軌道，繞著原子核作圓形或橢圓形運轉時，穩定不釋放電磁波，稱為定態。電子可以從這個軌道跳到另一個軌道去，如果是從高層軌道跳到低層軌道，就會放出光，光也是一種電磁波，光的波長大小是由能階差所決定。

論文轟動物理學界

實驗結果寫成論文以後，他再經過兩年的檢驗才發表，發表後一時物理界充滿討論波耳原子議題的聲音，至今更成為物理學的常識。

雖然只在拉塞福的研究所大約一年，波耳在回到丹麥後，還是很懷念跟拉塞福研究的過程。所以，一九二一年，在財團贊助下，波耳設立了哥本哈根理論物理研究所，他把理想與抱負寄託於此，延續拉塞福的精神，努力經營研究所。

拉塞福主持的卡文迪許實驗室和波耳領導的哥本哈根理論物理研究所，在第一、二次世界大戰之間，成為當時國際兩大原子物理研究中心，各國的科學家紛紛前來觀摩交流。

原子彈的理論

從拉塞福的原子模型到波耳定律，原子學已經有小規模的基礎。一九三八年，德國物理學家哈恩，提出以不帶電的中子去撞擊鈾，會產生巨大的能量的假設。

第二年，波耳在理論物理學會議上，提出哈恩的假設，科學家們大感興趣，隨即進行實驗，不久，波耳提出原子核的分裂理論，引起美國科學家的注目，才有後來製造原子彈武器的起端。

當時，核分裂的能量在人類的認知上已經大到難以控制，到後來科技進步到能夠製造核融合的技術，人們才知道核融合的能量更是驚人，至少是核分裂的一千倍以上，可惜人們目前還無法掌控這種能量，唯一落實的是氫彈的發明。

目前觀察到的核融合需要非常高溫的環境，而宇宙間的星體都是以核融合的方式在運作，最具體的例子便是太陽，太陽所供給我們的能量正是來自於這個星體本身不停地在進行著核融合所產生的能量，可以想見這種能量有多大。

要想駕馭太陽能，要先產生像太陽一般的高溫，這是很困難的事情，所以如果有科學家能發展出可以安全應用的低溫核融合技術，一定能成爲諾貝爾物理學獎得主。

為和平奔波

大戰期間，波耳擔任製造原子彈的顧問。

因爲他太了解原子的威力，所以憂慮一直在他的心頭揮之不去。我們都知道儘管科學是理性的活動，但是科學發展卻未必理性，原子能也一樣，可以用來產生大量的能量使人民生活便利，也可以用來製造原子彈傷害生靈。而科技發展到了極致之後會帶給人類什麼結果呢？

爲了這個省思，晚年的波耳開始爲和平四處陳情，他請求晉見英國首相邱吉爾和美國總統羅斯福，也曾寫公開信給聯合國，希望透過世界各國共同合作，和平運用原子能。

一九五六年，聯合國終於成立國際原子能管理委員會，還在隔年頒給波耳核能和平獎，感謝他爲世界和平盡心。可惜國家與國家之間總是以軍備競賽爲樂，這個委員會的實際運作效果有限。

波耳虛心和藹、樂於助人、心地善良，他在大戰期間協助營救過許多科學家；原子化身爲武器，也是因爲人在戰亂之中身不由己，所以對於爲著科學一生盡力，卻要親眼看到自己提出的科學理論變成殺人武器，不忍又不捨的他，只好在晚年爲和平奔走，希望原子能的威力可以受到控管，不要成爲破壞世界的終極武器。

戰爭很可怕，將來的戰爭不再是持久戰，而是毀滅戰；核能的能量很強，如果用途正當，像太陽一樣給我們能量，那人們的能源危機說不定可以解除，所謂正反都是同一把刀，端看人們怎麼使用。

貝爾德

發明電視的先驅者

(Baird John Logie，一八八八—一九四六)

最強的傳播媒體

「秀才不出門，能知天下事。」這正是形容現在無遠弗屆的傳播媒體，現代人每天對著電視就可以得到各式各樣的資訊，滿足無邊無際的幻想，對著電視就可以觀察人生。

西元兩千年時，世界人口已達六十億之數，據估計，二〇〇五年全世界十億家庭都有電視機，相當於每六人便擁有一台電視機。

時至今日，一個家庭常常同時擁有數台電視，而且無線與有線頻道爭相設立，一時之間，人們已經被大量的資訊淹沒。

在二十一世紀的此時此刻，電視台百家崢嶸，電視節目五花八門，即使一直有更新的媒體出現，電視的地位在這世紀之內一定還是難以動搖，因為，它是一項結合聲音影像的超級便利工具。

從笨重的型態到現在輕盈的液晶，不僅硬體不斷改進，資訊軟體更是無限的擴張中，影響人們的生活至深。

而最早發明電視的人是貝爾德，他在一九二六年時成功造出第一台電視。

生平小記

貝爾德在一八八八年八月十三日生於英國蘇格蘭西部萊海倫斯堡，父親是教會主事，希望他進神學院就讀，可是貝爾德愛好科學，希望就讀英國皇家技術學院。

貝爾德成功造出第一台電視

一九〇五年，貝爾德搬到倫敦，並在居住之處設立一個簡陋的實驗室，因爲沒有資金，所以他常常到廢棄堆撿拾被丟棄的舊物或到舊物攤蒐集便宜的材料來做實驗。

舊收音機器材、電光燈管、掃瞄器、電線、種種零件都是他眼中的珍寶，而他一心研究的東西便是「電視」。

貝爾德想盡方法召募經費，經過許多失敗與挫折，在一九二五年十月二日造出第一架能收訊的黑白電視機。

一九二六年一月二十六日，貝爾德邀請英國皇家學院院士們觀看他將人物影像用電線傳訊到英國廣播公司（BBC）電台，再由電台以無線電波發射，如此在實驗室中的電視機就可以收視到清楚的黑白影像。

貝爾德的設計在電學術語中稱爲「機械式」，只有三十條掃描線，每秒五個畫面的品質，解析度非常低，但是實驗演出成功，英國的「電視之父」貝爾德頓時成爲知名人物。

電視深深地影響人們的生活

電視的發展史

電視的零組件與原理來自很多領域，所以發明並不能歸功於「一人」，但就時間點而言，貝爾德是展示電視的第一位達陣者；雖然就貢獻度高者而言，則另有其人。

因爲貝爾德設計的「機械式電視」解析度難以提高，如果勉強提高解析度後電視又很容易故障，所以在十多年間很快就落伍，取而代之的是「電子式」的原理。

一九三二年，俄裔美國人茲沃爾金（Vladimir Kosma Zworykin）向大家展示第一台全電子式設計的實用電視機，並取得多項零組件專利。

事實上，在一九二七年九月七日美國三藩市，有位年輕人法恩斯伍斯在二十一歲時也曾經成功展示自己發明的電子式電視機，而且他的「映像管」跟茲沃爾金的設計非常雷同，然而他沒有在名利上獲得成功。但是他卻在與茲沃爾金的「映像管」專利爭奪上獲得勝利，因爲他的中學老師出庭作證他在十四歲時即在課堂黑板上畫出自己的設計，老師還把印象中的圖樣畫出，所以法官便將映像管的專利判給法恩斯伍思。

法恩斯伍思與電視的交集宛如曇花一現，但是，茲沃爾金因爲有財團的支持成爲美國人眼中的「現代電視之父」。

電視傳播媒體的影響反思

從一九二六年至今，不過短短八十年，電視從黑白模糊到今天立體彩色細膩的寫眞技術，資訊從封閉到不可收拾的開放，人們的生活文化因而進展快速，文明產生跳躍式的發展，到底是好是壞？

二〇〇四年八月二十三日紐約時報有一篇關於孩子看電視的報導，報導提到現代的孩子大量收看電視，美國兒童平均一天會花四個小時看電視，完成高中前，他們待在電視機前的時間比待在學校的時間多一倍。

算一算，一天中，我們在電視中會接觸到多少廣告呢？一天中，我們會在電視中看到多少資訊呢？訊息有正面也有負面，但質與量卻是難以估計。

根據心理學家研究，電視中的訊息會在潛意識中逐漸改變人們的行爲，而很遺憾的是，這種被動接受訊息的結果，負面的影響很多，例如，看電視容易造成腦部「慣性思考」，使攻擊行爲增加、減低注意力集中時間、影響左右腦平衡發展、對刺激的需求提升等等。而且一天常看數小時電視的兒童，還常患有近視眼疾、體重過重、注意力失調、閱讀能力弱等問題。

可是，爲什麼明知道有這麼多壞處，人們卻還是戒不掉電視媒體的操弄？不得不說電視扮演的萬事通角色實在迷人，只是人們到底因爲電視得到些什麼，又失去些什麼呢？這應該是個值得反思的議題吧。

費雪

以統計改變歷史

(Ronald Aylmer Fisher，一八九〇～一九六二)

統計的地位

實驗是用來驗證假設，身爲一個學生，必須學會設計實驗的概念，只要老師給予一個命題，就可以將命題化爲可以操縱的實驗，進一步獲得結果。

實驗的結果可能是可觀測的結果，也可能是一連串的數據，數據要能夠用來分析還需要很多統計工具，透過統計工具，人們可以解讀數字背後的意義，才能將結果運用於實際。

就算今天一般人不會使用標準差、變異數、相關、迴歸這些統計工具，可是，一定曾經有將科學研究的統計數字取來使用的經驗。

舉例來說，「機率」是統計，面前有三杯酒，其中一杯摻有無色無味的劇毒，那喝到毒酒的機率便是三分之一。

每擲一次錢幣，出現正面的「機率」是二分之一。

平均也是統計，某國中一年級學生的平均身高是一百四十五分。

國家的失業率、國民生產毛額、身高、電視收視率、數據的誤差值等等，這些數值都是統計的一部分，都從數據的歸納而來，統計不只無所不在，而且更多人以統計的計量說明當作指標在過生活。

因為可以統計，所以國家可以在政策上面做出抉擇，人們可以由數字上「趨吉避凶」，科學家可以預測、歸納事物的發展，所以統計跟我們的生活不可分割，時至今日，我們也把統計出來的數據當作權威。

統計運用在每個領域，也運用在日常生活之中。史丹福大學統計學教授艾夫隆（Brad Efron）曾說：「如果科學家的地位是以他們對科學界的影響力來論斷，那英國統計學家費雪應該能與愛因斯坦並列為近代科學發展的重要人物。」

生平小記

費雪生於倫敦，卒於澳州，是英國統計與遺傳學家，現代統計學的開山祖師之一，費雪是劍橋大學的天文學學士，因為對天文觀測誤差的分析，使他開始探討統計的問題。

費雪分別在一九一五年及一九一八年發表兩篇重要文章，前者探討相關係數的分布；後者證明孟德爾遺傳律上的連續變異。費雪的一生都在研究統計，他在一九二五年所著的《研究工作者的統計方法》，改變科學的研究觀念，讓許多研究家重新審視何為科學的態度。

費雪於一九四三年至一九五七年任教於劍橋大學，一九五二年受封為爵士，一九五六年出版《統計方法與科學推理》。費雪生命的最後三年，在澳州為國協科技研究組織（CSTRO）工作，並卒於任上。

費雪本人

統計之戰

大約一九〇〇年，英國統計學家皮爾生（Karl Pearson）擲一個銅板兩萬四千次，結果有一萬兩千零一十二次出現正面，比率為百分之五十點零五，這個數值一直為世人所採用。而這位皮爾生跟費雪正好是死對頭，兩人的戰火蔓延了數十年。

皮爾生與費雪兩人難解的恩怨首先來自於《生物統計》這本期刊，這是當時統計學界比較有名的期刊，皮爾生是期刊主編，可是這本期刊卻被皮爾生壟斷，只刊登皮爾生認為重要的研究。

當時發生一場羅生門事件，話說費雪將論文投至期刊，皮爾生刊登了費雪投的論文，可是卻是把論文處理得好像只是皮爾生研究的小小補充。論文被盜用還被貶低，讓費雪感到十分氣憤便去跟皮爾生吵了一架，從此皮爾生再也不刊登費雪的論文。

費雪的一口怨氣無處可訴，因此轉將論文投到《皇家氣象學會季刊》、《心靈研究學會年報》這些和數學統計領域不太有關係的期刊，甚至付費刊登自己的研究，只為了跟皮爾生對抗，爭一口氣。

皮爾生也沒有因此放過費雪，他和同黨將費雪逼出數學統計研究的主流，還在《生物統計》上公然評論費雪在其他期刊中所犯的錯誤，這樣激烈的手段造成兩人的隔閡日漸嚴重。

看起來皮爾生似乎非常地霸道，其實他們的過節不只是剽竊及批評論文這樣單純，兩人的政治立場更使這場戰火延燒。

因為費雪曾經寫論文呼籲下層階級節制生育，突顯優生學的重要。而在皮爾生的解讀之下，認為費雪瞧不起窮人，瞧不起社會中弱勢的族群，所以皮爾生也著文反批上流社會的亂象，兩人在筆尖上擦槍走火，你來我往，而這兩位天才的戰爭所擦出的火花，也進而掀起統計學在近代的改革，改變了科學的發展歷史。

化繁為簡的統計

二十世紀初，費雪任職於羅森斯特農業試驗所（Rothamsted Agriculture Experimental Station），在他到職之前，試驗所已進行了九十多年的人工肥料實驗研究，期間累積了龐雜的數據與公式，而且其他的試驗所的情況也差不多，大家都認爲自己的方式最有用。

事實上，直到費雪到任，他耐心地從龐大的資料中做出統計結果，還比較其他試驗所的資料之後，才發現大家自以爲有用的公式都是相同內涵延伸出來的。在他之前沒人想過這樣做，只是沿襲著試驗所的方式，在費雪以統計方法化繁爲簡之後，才解決這個紛擾幾十年的問題。

費雪喜歡留個小鬍子，外表就像傳統的英國紳士，但是他的個性並不傳統守舊，在成功前他就像時下年輕人一樣換過許多工作，例如遠赴加拿大從事農業方面的工作，在外商公司工作，也曾做過老師等等，最後甚至一路去到了澳洲。費雪彷彿一直找不到自己適當的位置，直到他因爲工作需要逐步將統計方法改良、系統化，架構起統計的許多細節，並著書說明，統計的系統化正式改變歷史。

費曼

物理界的「空中飛人喬登」

（Richard Feynman，一九一八～一九八八）

©The Nobel Foundation提供

費曼也曾經是菜鳥

紐約時報曾形容費曼是「戰後鋒芒畢露令人崇拜及最具影響力的物理學家」。

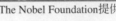

費曼在自傳中提到，自己在普林斯頓擔任研究助理的時候，惠勒教授要他做一個研討會報告，這是當時還是菜鳥的他生平第一次的學術報告。就在報告的前一、兩天，他發現大名鼎鼎的天文學家羅素（Henry Norris Russell）、偉大的數學家馮諾曼（John von Neumann）、一九四五年諾貝爾物理學獎得主鮑立（Wolfgang Pauli）都會來，甚至愛因斯坦也在聽聞研究題目後覺得很有趣，決定出席。

在眾多重量級的大師面前演講，不管是誰都可能會緊張到腿軟，費曼也是，可是他說：「眞是神奇，只要我一心想著物理，不但思緒清楚，不會緊張。而且上台時，更忘了下面坐的是誰，事情變得容易了。」這就是深深與物理結合為一體的費曼。

生平小記

理查．費曼於一九一八年，生於紐約州皇后區的法洛克衛鎮（Far Rockaway），父親是推銷員。一九三九年，費曼於麻省理工學院畢業後，進入普林斯頓大學研究院，並順利取得博士學位。第二次世界大戰期間，費曼前往美國設於新墨西哥州的羅沙拉摩斯（Los Alamos）實驗室服務，參與研發原子彈的「曼哈頓計畫」（Manhattan Project），當時雖然年紀很輕，卻已經在計畫中擔任重要的角色。

隨後，費曼任教於康乃爾大學以及加州理工學院。一九六五年，由於他在量子電動力學方面的成就，與日本物理學家朝永振一郎（Sin-Itiro Tomonaga）、美國物理學家薛文格（Julian Schwinger）兩人，共同獲得該年度的諾貝爾物理獎。

好奇頑童

費曼的創造力從孩童時代就已經開始展現，他在十一、二歲時就在家裡設立了自己的實驗室，擁有的設備只有一個蓄電池、一個燈座、還有一個可以炸薯條的自製機器，這當然是個設備簡陋的實驗室，可是對孩子而言已經是個天堂，他在其中玩出許多樂趣，自己做馬達、防盜鈴等。而他也喜歡「玩」收音機，到後來竟然變成收音機的小小修理工。

費曼熱愛跟「謎」有關的事物，不管是科學或是謎題，他的好奇心永遠像個小孩子。小時候在解題時，有時候遇到自己未學習過的數學領域，他會自創符號，設計他自己的方式，藉以獲得解答，只是後來他往往也不得不放棄自己設計的符號，因爲在解說時，別人完全看不懂他的那一套。同學也會拿各種問題考他，他非得解開，否則不罷休。

有一陣子，費曼瘋狂於解開馬雅象形文字，最後甚至成了可以鑑識手抄本的專家；他在羅沙拉摩斯參與軍方「曼哈頓計畫」時，發現裡面的安全措施似乎很嚴謹，讓他一看到保險箱就升起一股想要挑戰密碼的慾望，最後他成了無敵開鎖手，讓安全主管好不苦惱。

不管做什麼，最後好像都可以變成高手，可是費曼的態度與原則才是大家要看到的，比方他的用功、他對事物觀察的細心、他待人接物的平等、以及他不倚老賣老的謙虛。

天才洋溢的費曼

費曼的天才洋溢完全呈現在自傳中，他在追求自我的部分著墨甚多。費曼可以爲了教授的一句話去反覆觀察自己作的夢；他因爲喜歡森巴樂團，在巴西加入一個樂團，而且努力成爲當中的一分子，直到巴西人都認同他的森巴鼓玩得很棒！而他學畫畫，也學得有模有樣，他所畫的圖畫還在美術館中辦過個展。你說，他只是個天才嗎？天才如果沒有付出，還能是天才嗎？

除了才華，費曼更因他所出版的自傳而家喻戶曉，他的自傳裡面沒有艱澀的物理，沒有公式，只有他生活中的點點滴滴，還有他對人生滿滿的好奇心。在自傳中，他有許多別人眼中的驚人之舉，還有常聽到別人對他說：「別鬧了，費曼先生。」

費曼也不是生來樂觀，曾經因爲完美主義陷入低潮的他，也是在若有所悟之下才跳出框框，從此開始享受物理人生，他說：「你管別人怎麼想。」

重視教育人文

大概是因爲老師的身分，費曼一直重視教育的議題，他曾經爲了女兒的數學功課去學校跟代數老師爭取可以「活用」計算過程，最後跟老師吵翻了，而老師不知他是何許人，一直把他當作是不懂數學的門外漢。

費曼也重視人文，他曾經回信給一位大學生，內容提到：「物理學課程裡傳授的東西，會令你感到有所欠缺。你不可能單靠物理，就想發展出健全的人格，生命裡的其他部分也必須融進來。」

實驗室門外的世界是很廣闊的，人生美好的眞諦不是課堂上能夠教出來，更不可能單單從物理中而來，這點絕對是費曼眞心的體會。

費曼剛去康乃爾大學任教時，系主任拿了一份履歷給他看，問他：「這學生如何？」

費曼仔細看過後說：「我覺得他是第一流的，我們應該收他，能找到這種學生是我們的福氣。」

系主任說：「我想也是，但是你有沒有看一下他的照片？」

「那又怎樣呢？」費曼幾乎大叫起來。

「沒怎樣啦！先生，很高興聽你這麼說，我只是想看看新老師是怎麼樣的人而已。」主任很開心地走了。

費曼就是一個這樣直來直往的人。有錯，他一定認錯，而且他相當不能接受他人有種族歧視的膚淺心態，他也以開放的心態看待殘障人士，「人生而平等」如此美麗的想法對費曼而言就像空氣一樣存在。

就如他的自傳中描述，有次，費曼意外地參加了聾啞人的聚會。

「眞是太有趣了！我覺得自己好像在語言不通的國家一樣。」

「每個人都很快樂而且自在，彼此開開玩笑，臉上充滿著微笑，沒有什麼溝通的障礙。」費曼就是用這樣認眞開放的眼光看待世界。

挑戰「挑戰者號」

費曼的一生精采有趣，最經典的是在電視上出色的表現，一九八六年美國「挑戰者號」太空梭升空不久後爆炸，費曼受邀參加總統指定的調查團，當時他已經罹患癌症，身體虛弱，不過因爲這是個攸關國家發展的大事，費曼還是認眞參與。

對費曼而言，他最先想到的問題是一架太空梭的組成需要多少理論、實驗和技術上的專業知識，再加上像太空總署這種大型機構裡的各種作業，使得資料與事實的腳步不同；即使每天有專人報告，又要如何從中整理抽取出有用的部分？

所以，當其他人還在辦公室裡計算公式、思索原因時，費曼走到工廠裡和第一線的工人們聊天打混。

而在全國新聞聯播的記者會時，費曼開口請服務小姐給一杯冰水，然後當著官方的高層人士、學者專家和全國的觀眾眼前，拿出一條事前準備好的太空梭裡用來防止漏氣的小型圓橡皮圈，費曼把它捲曲後放入冰水中，眾人因爲他的舉動一頭霧水，他才慢慢解釋：「高空的溫度就如同這杯冰水，如果橡皮筋在這時有任何的扭曲，就會失去回復原形的彈性，也就是說有可能造成致命的漏氣。」原來，費曼每天都在跟最清楚零件性能的工人們確認最眞實的情況，而不是在辦公室計算數值、研究文字上的權威！

杏壇明星

費曼是個教育家，從踏入教壇以後，他做了一輩子的老師，在一生獲得的眾多榮譽中，他特別珍惜在一九七二年時獲得的奧斯特杏壇獎章（Oersted Medal for Teaching），這獎章認證了他爲杏壇努力的辛勞。

除了教學，爲了傳達物理知識，更介紹自己對物理的體會，費曼也寫了多本物理學類的入門書籍，包括《物理學入門》、《物理之美》以及《量子電動力學》，他還有許多深入的論文，都是研究者常用的參考資料。費曼善於運用自己的長處，將物理理論解釋清楚明白，用輕鬆容易的字表達困難的議題，讓人佩服，費曼的自傳更創下科學家自傳的銷售高峰。

一九八八年二月十五日，與腹部惡性腫瘤搏鬥了十年，費曼去世。他的醫生說：「費曼先生對癌症的了解，已經比他的醫生還多。」

這就是費曼！到死都要弄清楚。

吳健雄

原子核物理的女王

（Chien Hsiung Wu，一九一二～一九九七）

江才健先生提供

影響自己最大的人是自己

民國二十三年，吳健雄在南京中央大學物理系畢業後，前往美國，以異國女留學生的身分，獨自在科學領域中掙得一席之地，當時有人問她：「請問吳博士，誰是改變妳最大的人？」

吳健雄說：「我自己。」

要說出「我自己」這三個字，對於自己的信心要有多強呢？這信心又從所而來呢？不是宗教、不是天才、不是運氣、也不是任何人，是「努力」。

吳健雄是個只相信「努力」的科學家，她在科學領域的嚴格是跟隨她的學生們的心聲，不過，學生們卻又同時認同吳健雄身爲老師時對學生關懷的恩情。她的嚴格在物理中相當自然，而她循循善誘女性柔性的一面，更是替她老師的身分魅力加分之處。

現代社會女性的意識已然不同於以往，或許許多地方還有性別歧視，但是更多女性出頭天已經是個不容否認的事實，這當然是因爲人人平等接受教育的緣故，雖然很多地方還是隱藏著歧視的事實，但是値得驕傲的是這個時代女性的努力是可以被看見的。吳健雄註定生在那個守舊、女性飽受歧視的時代，可是，她不但證明自己有天分、有能力，而且從以男性爲主的世界中脫穎而出，這一切都來自於她努力不懈的精神，所以影響自己最大的人當然是她自己，任何人都一樣吧！

生平小記

一九一二年，吳健雄生於上海市。父親吳仲裔是辦學校長，對教育用心開明。吳氏家族在吳健雄這一輩以健字排行，第二個名字則以「英雄健豪」順次採用，吳健雄排行第二，所以她註定擁有一個男性化的名字。

吳健雄於一九三四年前往美國，一九四〇年取得美國加州大學柏克萊分校物理研究所博士學位。她的博士論文有兩篇，一篇探討「放射性鉛因產生貝塔（β）衰變放出電子，而激發產生出不同型態X光的現象」；一篇研究「鈾原子核分裂之產物」。其中「鈾原子和分裂產物」這篇論文影響美國製造原子彈的發展進行，更使她介入「曼哈頓計畫」——製造原子彈的計畫。而這兩篇博士論文在當時已經刊登上國際重要的《物理評論》期刊。

吳健雄得到博士學位後，留在柏克萊做了兩年博士研究。繼續從事放射性及鈾元素的研究，年紀輕輕的她在此時的能力已經足以稱爲權威。

中國居禮夫人

從歷史的角度上來看，中國原本是一個帝制國家，加上國情因素，科學落後西方甚多，即使民國初年的許多激烈改革運動也不足以馬上改變這個大環境，而吳健雄能夠在科學上一枝獨秀，實在令人驚喜。

一九三〇年代吳健雄在柏克萊留影。江才健先生提供。

吳健雄從中學時就已經習慣讀書到深夜，直到後來成爲老師，帶領實驗室工作時，更是忙碌不堪，在隔週休的那個週末她都會上實驗室看一看，如果沒人在，她還會覺得生氣。試想，這應該能夠解釋她爲何能夠在四十四年的物理研究及教書生涯中發表約兩百篇論文的原因吧。

年輕時的吳健雄美麗、反應快、對工作狂熱、在眾多大師面前也總是表現地落落大方，許多學者對她的印象深刻，不僅認同吳健雄是中國的居禮夫人，還覺得有過之而無不及，而巧合的是，吳健雄與居禮夫人同樣都要面臨克服異國語言上的困難。

吳健雄對於自己的成就，她相當感謝兩人的栽培，一是她的父親吳仲裔，另一位就是恩師胡適。因爲有父親不同於潮流的教育理念，才沒有讓吳健雄埋沒在大時代的文化浪潮裡；而由於有胡適的風範啓蒙，更讓吳健雄有勇氣在男性的世界裡追求高深的學識，她與胡適的師生情誼維持了終生。

吳健雄的兒子袁緯承曾經說自己的母親是個非常開明的人，尤其在追求學問上，對於新鮮的議題總是保持極高的興趣，除了家庭教育，整個人生態度也是得自老師的教誨。吳健雄初到美國時，總是專注於自己的學習領域，直到系主任對她說：「妳這樣會侷限妳的思想，使眼光狹隘。」因此，吳健雄開始調整自己的學習態度，接觸許多領域的新知識，而不是只守在自己的高塔裡。

宇稱不守恆的實驗

一九五六年，物理科學上出現了一個很特別的理論，提出這個理論的正是兩位中國物理學家——當時在普林斯頓高等研究院的楊振寧和在哥倫比亞大學的李政道。他們提出了一個理論假設：過去在物理科學上一直以爲的關於左右對稱的「宇稱守恆」，事實上在弱作用力中是不成立的。

這一個物理科學上的挑戰，（對物理界而言相當於推翻相對論的論點），因此在科學界很不被人看好，當時楊振寧及李政道找了吳健雄幫忙實驗，吳健雄在看過兩人的論文後，直覺地認爲這是個很有可能的事實，因此她放下跟先生的歐洲和亞洲旅行計畫，即刻著手進行檢驗這個理論的實驗工作。

一九五六年九月，吳健雄邀請華盛頓特區美國標準局的安柏勒（Ambler）博士等人一起合作。到了年底，這個團隊的實驗結果已經得到明顯的證據——「宇稱守恆」在弱作用中確實是不成立的。

這是個震驚物理界的大消息，吳健雄再三查證，直到一九五七年一月九日終於證實他們的實驗正確無誤。而這個成果不但使得吳健雄更加聞名，也使得提出理論假設的楊振寧和李政道得到了當年度的諾貝爾物理獎。

一九五七年諾貝爾物理獎得主公布

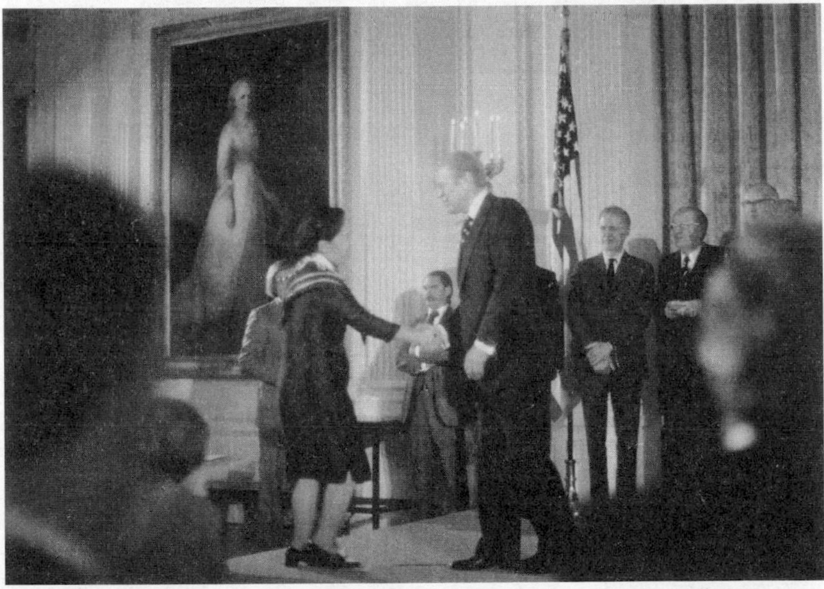

一九七五年獲得美國總統頒發「國家科學獎」，隔年十月十八日在白宮由福特總統頒獎。江才健先生提供。

一九八〇年代吳健雄獲得義大利總統頒發「年度女性獎」，接受義大利著名物理學家柴奇奇（右）恭賀，吳健雄左邊的是她的先生，物理學家袁家騮。江才健先生提供。

之後，吳健雄沒有在名單中，這個結果引起知情的人士相當不滿。在這些人當中，最出名的是在柏克萊時代就認識吳健雄的物理學家，有美國原子彈之父稱號的奧本海默。而即使吳健雄一直保持低調，但是相信這一定是一種很受傷的感覺，不一定是因為榮譽或是獎賞，而是自己辛苦的成果竟然因為某些原因被視而不見、抹煞一空。

原子核物理的女王

事實上，吳健雄一路走來，比起任何科學家都更加辛苦，因為性別及種族上遭受的歧視，她的升遷總是姍姍來遲，但是，命運沒有虧待她，雖然正義來得遲，但是來時充滿驚人能量。包括吳健雄在哥倫比亞大學教書八年後才得到正式教職、再被選爲美國國家科學院的第八位女院士、美國物理學會有史以來第一位女性會長、普林斯頓大學創校百年來第一位獲頒榮譽博士學位的女性等。

一九七八年，吳健雄還得到一項至高榮譽的國際獎項，那就是由一位以色列工業家捐款設立的「沃夫獎」。沃夫獎設立的一個目的，就是爲了獎勵那些應得諾貝爾獎卻沒有得到的傑出科學家，在「宇稱不守恆」獲得諾貝爾獎的二十一年之後，吳健雄成爲第一屆的沃夫獎物理獎得主。

除了數不清的榮譽獎項外，還有數不清的榮譽博士學位，以及許多頂尖的稱譽。南京紫金山天文台甚至把發現的第二七五二號小行星命名爲「吳健雄星」，普林斯頓大學在

一九八六年吳健雄得到紐約市艾麗絲島獎章與袁家騮合影。
江才健先生提供。

頒給她的榮譽博士頌辭中，稱讚她爲「世界頂尖的女性實驗物理學家」，吳健雄在柏克萊的老師塞格瑞也稱她爲「原子核物理的女王」等等。

原子的世界不曾停頓，但是活躍一輩子的吳健雄於一九八〇年正式退休，一九九七年二月十六日，吳健雄在紐約市的家中因腦溢血去世，享年八十五歲。

吳健雄和袁家騮在紐約市家中留影。江才健先生提供。

吳健雄在美國紐約市家中留影。江才健先生提供。

欣賞規範與對稱之美的科學大師 楊振寧

（Chen Ning Yang，一九二二～）

©The Nobel Foundation提供

孟子哲學

楊振寧先生在自傳中，特別提及父親與他的一件事，就是他在初中時，他的數理已經很強，可是父親不多教他數理，反而請了一位歷史系的學生丁則良來教他《孟子》。

楊振寧說：「丁先生很有學問，他不只教我《孟子》，還解釋許多歷史的哲學背景，這些知識是我在學校的教科書上從來沒有學到的。兩年的暑假我都在學習《孟子》，所以在中學的年代，我可以背誦《孟子》全文。」

當時的楊振寧或許只是囫圇吞棗把整本語錄裝進記憶中。可是上大學後，他深入自然科學，一路走來順利，並獲得國際肯定。但是，幼年時所背誦的《孟子》，沒有忘懷，反而在成年之後，成爲他做人處世的基本原則。

所以，知識與智慧何者重要呢？

每個人的心中都有一套自己的價值系統，當人們面臨人生重大抉擇時，這套價值系統便會發生作用，幫人做出選擇。

我們的生活當中，父母師長的身教影響往往最深，再來便是現在的傳播媒體，而不禁要感嘆「書籍」的影響力有逐漸減弱的趨勢，因為真正看書的人少了。所以在教育的省思之下，出現許多聲音都在提倡古文的學習，標榜智慧思想的道德重要性，而不只是將人性建築在目前淺層的媒體表面及知識表面，為什麼？

因為知識像是車子，而道德就像方向盤，失去方向盤，知識只能橫衝直撞。因此，科學家楊振寧也說：「影響我最深的，並非我專長的物理學，而是兩千多年前孟子的思想。」

生平小記

楊振寧，於一九二二年生在安徽合肥，父親楊武之是美國芝加哥大學的數學博士，回國後曾任清華大學與西南聯合大學數學系主任多年。楊振寧在一九四二年取得西南聯合大學學士學位後，進入清華大學研究院學習兩年，之後考取公費留學，一九四八年取得博士學位。楊振寧一生中主要的研究方向是對稱原理和統計力學。

楊振寧在物理學領域的成就不只在於一九五七年得到諾貝爾獎的「宇稱不守恆」的理論，

還有他於一九五四年與密爾斯共同發表的「楊—密爾斯規範場論」，這個理論被物理學家公認爲二十世紀最偉大的理論結構之一，甚至把這篇論文和十九世紀電磁場論以及二十世紀的廣義相對論相提並論。這篇論文是楊振寧與密爾斯的共同傑作，其中列算的數學優美，雖然發表後被物理學家鮑立挑戰質疑其中的難解瑕疵，但是後來成爲非常重要的理論基礎，影響粒子物理數十年。

宇稱不守恆

楊振寧與李政道以「關於弱作用力下宇稱不守恆」的理論獲得諾貝爾物理學獎。不過，這篇論文如果沒有吳健雄博士「慧眼識英雄」答應實驗印證，將只會是學術大海裡其中的一篇文章而已。

楊振寧常說：「做研究不能老跟著別人跑，要做自己的東西。一個物理學家要有眼光、能堅持，還要有很大的力量度過難關。」所以他常憑著直覺研究題目，他與李政道一起推翻金科玉律「宇稱守恆定律」也絕對不是突發奇想，早在一九四五年在西南聯大時，他們就已經質疑這個定律，直到後來在普林斯頓相遇後才繼續合作研究這個定律。

一九五六年以前，物理學家深信物理定律遵守「宇稱」：對於任何情景和它的鏡像「右手方向自旋的粒子的鏡像變成了左手方向自旋的粒子」的定律不變，後來才發現在弱作用力下宇宙的鏡像會以不同的方式發展。

人們喜歡尋找規律、制定規範，但是能夠突破守恆更是了不起的發現。可惜，人類間的友誼亦是不守恆，年輕時原本合作完美的一對金童，到頭來卻也因故分道揚鑣。奧本海默對楊振寧與李政道的決裂很不以爲然，他曾以尖銳的語氣說：「李政道不應該再做高能物理，而楊振寧應該去看精神醫生！」

建立石溪理論物研所

楊振寧自一九四九年開始待在普林斯頓，直到一九六六年爲止，前後總共十七年的時間，他自己說這是他一生中研究工作做得最好的時期。

一九六五年，普林斯頓高等研究所所長奧本海默對楊振寧說：「我即將從職位上退休，我想向學校推薦你接任所長。」

楊振寧回家考慮一個晚上以後決定拒絕，他回信說：「所長，我不能確定我能夠成爲一個好所長，但我相信我一定不欣賞所長繁忙的生活。」

後來，楊振寧前往紐約州立大學石溪分校任教，在學校方面的要求之下協助建立一個理論物理研究所。校方基於他在學術上的權威，希望他能夠擔任所長，而這個新研究所，因爲是楊振寧一手促成，而且管理起來比普林斯頓的研究所容易也單純得多，因此楊振寧於一九六六年開始接受石溪研究所的工作，期間邀請華人學者前往學習進修，培植出許多優秀科技人才。除了教育問題，後期他也一直爲中美交流的關係在努力，在社會活動發揮影響力。

現年八十三歲的楊振寧還在北京清華大學授課，他曾說過：「中國成千上萬有才能的人，把他們的能力發揮出來，將使中國在二十一世紀對世界文明作出極大的貢獻。」而他也一直努力培養人才。

如果人人都能夠發揮自己的才能，那社會的進步會是怎樣的快速呢？楊振寧認爲現在的年輕人很聰明，他們吸收知識的能力又強又快，如果能再奠定紮實的基礎，擁有積極正確的人生觀，相信才能一定如泉水湧出！

所以，閒暇之餘或可聽聽楊振寧給予大家的建議，看看孔孟，讀讀莊周，說不定對你的人生大大的有幫助。

李政道

才華洋溢的天才科學家

（Tsung-Dao Lee，一九二六～）

©The Nobel Foundation提供

宇宙的動態對稱

在李政道的自傳曾經談到跟毛澤東會面時的一段小故事：

「告訴我，爲什麼對稱那麼重要？」毛澤東一見到李政道，劈頭就這麼問。

李政道相當驚訝這是毛澤東對他提的第一個問題。那時是一九七四年五月，文化大革命還未結束。李政道去見毛澤東是想要談一些重要的事，希望能挽救中國受重創的教育問題，沒想到毛澤東先出個物理考題給他。

所謂「對稱」在一般的說法是個靜態的概念，例如上下左右對稱：有上就有下，有左就有右等等。所以毛澤東說：「人類社會的演化是動態的，自然也是一樣，所以動力學才是根本，何必談對稱。」

這問題可以談得很深入，可是李政道拿起桌上的筆記簿，放一枝筆在上面，然後將筆記簿傾向毛澤東，筆當然就順勢滾向毛澤東，李政道再將筆記簿倒向自己，筆就滾回來，筆就如此在兩人之間來回震盪著。

李政道說：「整個過程是動態的，卻有個來回震盪的對稱性。因此對稱絕對不僅是靜態的概念而已，而有更廣的涵義，且適用於所有自然現象，小自基本粒子世界，大至宇宙。」

在這簡單的示範下，毛澤東馬上領悟了對稱的重要性。

生平小記

一九二六年十一月二十五日李政道出生於上海，成長期間因為戰亂四處流轉，十五歲離家至浙江求學，一九四四年轉入西南聯大，一九四六年由吳大猷推薦至美國芝加哥大學學物理，一九五〇年，李政道以一篇天文物理論文取得了博士學位，隨即應聘前往至加州柏克萊大學任教。

一年後，由於楊振寧的推薦，李政道來到了普林斯頓高等研究所成為研究員，一九五六年與楊振寧合作論文「關於弱作用力下宇稱不守恆」理論，一九五七年兩人同獲諾貝爾物理獎。

李政道曾經回憶：「我一生最重要的機遇，是在很年輕時幸運地遇到三位老師，束星北教師的啓蒙、吳大猷老師的教育及栽培和費米老師的正規專業訓練，這些都直接地影響我日後的工作和成果。」

李政道還說過：「十八歲時，我遇見吳老師，十九歲隨吳老師赴美留學。吳老師不但在學問或是做人上都是我的老師，半個多世紀以來，吳老師已經如同我的親人一般。」

而吳大猷也曾經留下這樣的話：「一九四五年的春天，忽然有一個胖胖的，十幾歲的孩子來找我。拿了一封介紹信。……那時是學期的中間，不能接受轉學，我便和聯大幾位教授商量，讓這孩子去隨班旁聽，等學期開始再正式辦理轉學。」

「李政道讀書輕鬆容易，每日都來請我給他更多的閱讀書籍及習題。他求知心切，眞到了奇怪的程度。有時我風濕痛，他替我捶背，他也幫我作家裡的瑣事。無論給他什麼困難的書和題目，他都可以很快地完成，完成後又來索取更多的圖書。由他作問題的步驟，我發現他比起一般人思想敏捷。老實說，在之後一年中，我因爲自己的問題——冠世（吳大猶博士之夫人）臥病在床；每日的生活瑣事、物價的日日上漲，讓我實在沒有多餘的心思來預備許多的參考書和題目給他。好在他的天資高，也不需我的講解。」

後來，吳大猷為政府安排國防科學的科學教育計畫，建議政府相關部門幾大要點，例如培植各項基本工作人材；派物理、數學、化學人員研習觀察近年來各部門科學進展情形；擬具體建議，計劃籌建研究機構，並選送優秀青年數人出國留學，研習物理、數學等基本科學。因為這個建議的通過，吳大猷毫不猶疑地推選有天賦又勤奮的李政道出國求學。

而李政道在吳大猷門下只有一年兩個月的時間，但他說：「我從吳老師那裡學到的不僅包括人格的涵養，最重要的是學到對知識的『忠誠』。」就李政道的成就而言，吳大猷確實扮演著影響他最深遠的一位師長。

一山二虎

李政道二十四歲取得博士學位時，他的論文被譽為「有特別見解與成就」，因而被列為第一名，並獲得一千美元的獎金。李政道年紀輕輕，身處異地還能有這樣的成就，實在令人佩服。

一九五七年，楊振寧三十五歲，李政道三十一歲，他們共同獲得諾貝爾獎。

楊振寧就曾說：「李政道不僅聰明，而且興趣很廣，他理解的速度快，常閱讀很多資訊，當我們兩個人一起辯論一個問題時，可以得到一個人研究問題時想不到的盲點。」

奧本海默也說：「我很喜歡看到他們一起走在校園中，他們兩人的合作關係，真是非常讓人羨慕。」

當時在普林斯頓的師生，很多人都可能看過楊振寧和李政道在校園裡和諧討論的情況。他們一起討論物理時十分專注，不常注意到週邊，打開話匣子之後，別人也很難插入話題。

可惜，楊、李二人美好的合作關係在一九六二年正式決裂，據說是因爲論文排名的羅生門，也有人說是從諾貝爾獎中的差別待遇開始，還有說是太太的因素，種種說法，不一而是，可是都脫離不了名與利。

有關於他們的分道揚鑣其實很多人都不能諒解，因爲楊、李二人如果能夠繼續合作，說不定會開出更多美麗的物理之花，造福整個世界。然而即使大陸總理打算出面協調，亦是碰了一鼻子灰，只好對「決裂」這件事三緘其口。

業餘愛好畫畫

記者問李政道：「在科學研究之外，有什麼業餘愛好？」

李政道笑答：「爲了使自己的心情愉快，緩和一下緊張的工作，我有時間就喜歡畫畫、聽音樂、讀文章。我自己畫過畫，不過，我只是描摹，因爲我只是個科學家。」

人的大腦在思考時可以無遠弗屆，可是終究需要休息，休息可以讓自己的大腦喘口氣，才能走更長更遠的路。

不要小看休息的時刻，除了大腦會默默醞釀剛剛所學習的新事物，一直想不通的問題說不定可以靈光一閃。我們身邊有許多例子都可以說明放鬆的重要，這就好像拉緊的弦容易斷，輕鬆一下反而會有不同的收穫，而藝術的美感更是其中滋養的成分。

其實不管多偉大的科學家都在告訴我們，培養一些才藝，並且享受才藝帶來的喜悅與歡娛，才藝的展現是件難以取代的成就感，而且這種感受有助於提升人們對生命的觀感，以及人們對自我的肯定。享受才藝帶來的質感而不是拿來比較，李政道閒暇以畫畫來休閒，當然不是要求自己畫畫的能力也要做得像科學家一樣好，如果每樣事物都要求比較，恐怕有趣的畫畫就不再美妙有趣了。

華生

DNA雙螺旋之父

（James Dewey Watson，一九二八～）

©The Nobel Foundation提供

DNA小檔案——從膿中取得的成就

核酸在一八六九年，被瑞士的米謝爾（Miescher）首度發現。

米謝爾曾在德國南部珠賓根的生理化學家霍布史拉（Hoppe-Seyler）研究所，探究細胞核之成分。他從醫院患者的繃帶收集膿汁作研究，大家也許會詫異，爲什麼他心甘情願蒐集沾上膿汁的繃帶從事研究？原來，膿汁內含有大量的白血球，它是一種細胞，而且細胞核比普通細胞大。從繃帶取出膿汁，摧毀其中的白血球細胞並萃取細胞核內的物質，進而取得一種含磷酸且易染於鹼性色素之物質。這是在那時候以前從未被分離過的新物質，由於自細胞核取得，被命名爲核蛋白質，這就是後來被稱爲核酸的物質。

核酸有DNA與RNA兩種，那時被萃取的物質如今判斷，可能大部分爲白血球之DNA。

當米謝爾發現核酸的同時期，離他不遠的奧地利孟德爾也發現了遺傳法則且預知基因之存在，這眞是有趣的巧合，可惜兩邊互不知曉雙方的研究。最後，此兩大發現終於結合成爲一個結論，然而，這已是八十年後的事了。

一九四四年，艾佛里（Avery）等人在研究肺炎雙球菌中證實轉形作用中是由核酸攜帶遺傳訊息，一九五〇年初還有赫胥與蔡斯用噬菌體做研究，得到相同的結論，但當時還是不能完全說明遺傳基因與核酸的關係機制。陸續有許多人想要揭開核酸的眞面目及機制，也陸續有許多成就，直到一九五三年華生與克立克提出DNA雙螺旋結構，才揭開DNA的眞面目。

生平小記

華生於一九二八年四月六日生於美國芝加哥，十六歲因資優方案進入芝加哥大學讀動物學，二十二歲即拿到印第安那大學遺傳學博士學位。

一九六二年，由於建立DNA核酸模型，年僅三十五歲的華生與克立克（Francis Crick）、維爾金斯（Maurice Wilkins）共同獲得諾貝爾生理醫學獎，並榮獲總統自由獎章（Presidential Metal of Freedom）和國家科學獎（National Metal of Science）。

華生現任紐約冷泉港實驗室（Cold Spring Harbor Laboratory）總裁、美國國家科學院院士和之皇家學會（Royal Society）會員。

雙螺旋的DNA

在一九五〇年代的時代背景下，大部分的生化學家正在研究蛋白質，而且推測遺傳物質是看似複雜的蛋白質。當然也有少數人對這個看法有意見，華生正是其中之一，他直覺地認爲遺傳物質正是藏在細胞核裡的DNA，因此他一心想要解出DNA的結構，證實自己的想法。

爲了研究，華生從美國遠赴到英國劍橋的卡文迪許實驗室，在此與克立克一同從事DNA研究。

一九五二年，倫敦的研究者韋爾金斯與法蘭克林利用一種X射線繞射的方法來檢視DNA的形狀。他們用X射線照射DNA，並在攝影用的底片上記錄由DNA分子引起的繞射圖樣。這項研究指出DNA可能含有兩條或三條長鏈，而且鏈上的鹽基好像是以某種方式互相堆疊起來。

這項研究結果給華生及克立克一些靈感，他們用厚紙板剪出許多核甘酸的形狀，後來發現紙板組合的效果不好，於是他們特別訂製了有彈性的金屬

華生〈圖左〉和克立克首先建構DNA的雙螺旋結構模型

薄片，模擬組織有彈性不變形的特性，他們常常花時間在玩這些模型，思考著如何可以將這些分子模型組合成有邏輯的結構。

後來，華生成功地組出雙螺旋DNA分子，形狀優雅、簡單，而且不但可以用來解釋還可以預測配對的分子。DNA的模型不僅是二十世紀生物學上最偉大的發現，還把遺傳學推入全新的境界。

一九五三年，華生和克立克公布DNA模型的第一篇論文，四月二十五日發表在英國的《自然》週刊上。

然而，雙螺旋結構剛發現時，沒有被科學界接受，而且也沒有引起媒體的特別注意。根據華生的回憶，在他們發表論文的兩週後，只有一家英國報紙（News Chronicle）刊登了一小段報導，報導中連華生與克立克的名字都沒有提起。

而在劍橋的一些生化學家同事還認爲他們做的研究一點用處都沒有，竟然還稱雙螺旋結構是「廁所結構」，是一個大笑話。

不過，不需要歷史證明，十年之內科技大大進展，DNA不再是種無用的物質，地位大大地攀升，從此扮演著神奇的角色！

DNA解碼

生物化學領域到一九六〇年代後便有許多跳躍式的發展，時至今日，不過四十年，不僅可以改良動植物品種、醫療疾病、更已成功「複製」生物等等，回頭探究原因後發覺正是由於DNA雙螺旋模型所影響。

實驗室裡研究DNA的複雜細節，必須有許多昂貴的儀器，不過對現代科技而言，萃取DNA的原理已經是項最簡單的化學基本技術，許多兒童科學營都可以當場表演給孩子們看。

比如，想抽取蘋果的DNA時，我們可以先取一百克洋蔥去皮，加水一百毫升，放入果汁機以低速打碎，時間約一分鐘。

取五十毫升打好的洋蔥汁倒入燒杯中即可，爲了破壞細胞膜和細胞核膜，再加入二·五毫升的沙拉脫攪拌五分鐘使其混合均勻。

取二十九·四克的食鹽加一百毫升的水，製成五莫耳濃度的濃食鹽水，完成後取五毫升加入洋蔥汁燒杯並用筷子攪拌一分鐘。這是因爲DNA帶負電，加鹽水可以中和DNA的負電，使DNA溶解在溶液中。

完成後，再現榨新鮮的蘋果汁，榨汁方法與洋蔥相同。

取五毫升加入洋蔥汁持續攪拌五分鐘，這是爲了分解DNA外部纏繞的蛋白質。

再來便可過濾混合液，而DNA便存在於濾下來的液體中。蒐集過濾液體十五毫升，再放入乾淨的試管中。從試管邊緣慢慢倒入百分之九十五的酒精，酒精量爲DNA水溶液的兩倍體積，即三十毫升。

等到溶液分層，在兩層的交界處出現如棉絮般的白色糾纏的網狀物質就是我們要的蘋果DNA了。這種簡易的實驗方法在家裡廚房就可以做，有興趣的讀者可以再蒐集一些詳細的資料試做看看。

DNA的形狀又長又細，大小則依生物略有不同，不過大概都在十奈米以內，一奈米是十億分之一公尺，而這生命奧秘的奈米世界裡更有約三十億的基因數，這些基因編碼，因爲還在研究的階段，所以有許多定義不一樣的宣稱數據，有的實驗團隊宣稱人體的DNA有三十億的基因數，有的認爲只有數萬組，無論如何，基因決定受精卵或種子的重要性是絕對的。

基因如此之多，期間的許多機制還未被了解，無窮的差異，使我們成爲獨一無二的個體，大自然的神秘能力眞讓人稱奇敬畏！

美麗新世界

世界第一的英國複製綿羊「桃莉」是DNA時代的新指標，而中國大陸的「元元」則是全球第一隻複製山羊。如果人類也可以用複製的方式誕生，可以隨需要選擇適合的基因，除了把容易導致犯罪、生病的基因除去，還可以挑選性別、身高、體重、髮色、瞳孔的顏色、指甲的形狀，說不定可以從基因決定人的快樂程度、悲傷能力，那將是個什麼樣子的世界呢？會是美麗的嗎？

「美麗新世界」是赫胥黎（Aldous Huxley）一本很有名的書，內容從基因科技控制人類優劣開始，而故事的最後一頁，劇中的主角「野蠻人」沉痛地說：「我不要舒適。我要神，我要詩；我要眞正的危險，我要自由，我要善，我要惡。」

「我要求有權不快樂。」

「還有衰老、醜惡、與無能的權利；患梅毒與癌症的權利；……隨時為明天擔心的權利……」

原來痛苦也是一種權利？

美麗新世界追求絕對定義下的快樂，這樣眞的美麗嗎？

說來或許荒謬，也或許有人不認同，但痛苦確實是人生的試煉場、靈魂的修煉之地。話題繞遠了，不過，看樣子DNA眞是不得了的發現。

©The Nobel Foundation提供

思維嚴謹具組織才能的將軍科學家

丁肇中

（Chao Chung Ting，一九三六～）

成功背後的汗水

「新來的同學，學長告訴你們，你們要有心理準備，丁教授做事嚴格出名，對學生要求很高，稍有未達標準，不論資深資淺絕對不假辭色大聲斥責，所以大家一定不能稍有懈怠。尤其是實驗進行期間，每天工作十幾個小時，不要想有週末假期呀。」因爲風聞丁肇中教授的嚴格，新進的學生戒愼恐懼，不敢怠惰，從早到晚都待在實驗室。

有一天，丁教授把幾位新進學生叫到他的辦公室，劈頭就是一陣大罵：「你們在搞什麼？只會來實驗室發呆？每天守在機器前面有什麼用？要守著實驗室誰不會呢？成功是每天作同樣的事嗎？……」

一頓大罵搞得大家莫名其妙，離開辦公室後大家才敢發牢騷：「我們不是已經沒日沒夜的工作了嗎？怎麼還要被罵？」

慢慢才知道，原來在教授的眼中，天天待在實驗室努力工作只是最基本的要求，但是只是守著那些儀器是沒有用的，還要對物理、對實驗有更創造性的貢獻，要學習、要思考、還要主動，單純訓練一批勤奮的熟手並不是他的目的。

中央大學物理所所長張元翰教授便是這批新進學生中的一個，他形容：「如果丁院士可以做物質組成分析，除了物理，還是物理；很少看得到有人能像他一樣，爲了物理的眞理，如此不近人情。」而丁肇中的太太蘇珊也說他：「他是工作，工作，再工作。」

生平小記

丁肇中出生於美國密西根州，當時父母親正就讀於美國密西根大學，畢業後，全家大小一起返回中國。丁肇中於十二歲那年來到台灣，並先後就讀於大同國小、成功中學、建國中學和成功大學。於成功大學讀了一陣子之後便赴美深造，在短短的六年裡，不僅完成了學士與碩士的學位，而且還順利拿到博士學位。

接著，丁肇中在日內瓦的歐洲核子研究中心待了大約一年，然後前往紐約市的哥倫比亞大學教書。一九六七年前往麻省理工學院任教；同時也定期橫越大西洋到歐洲核子研究中心進行研究工作。

一九七四年在紐約鄂普敦的布魯海文國家實驗室裡，丁肇中完成了一項極爲複雜而精密的實驗。這一項實驗的成果，揭發了一個不被多數高能理論家所預期的「J粒子」。而這一項實驗結果的發表，使得理論物理學家紛紛對丁肇中的實驗結果加以探討。當一切的探討都塵埃落定之後，物質結構中的一個新的模式出現了，而「J粒子」正是奠定這個新模式的基石。

發現「J粒子」

「J粒子」的發現，被國際高能物理學界譽爲物理發展史上的一個重要里程碑。

一九七四年十一月十日，一個不得休假的星期日，這天，美籍華裔物理學家丁肇中教授所領導的小組，在布魯海文國家實驗室裡，公布早在八月就已發現的一種新基本粒子。

雖然人們近些年來不斷發現新的基本粒子，然而，丁肇中此次發現的新粒子十分獨特，它不帶電，而且壽命比近年相繼發現的新粒子長，儘管在常人看來它也極其「短命」——遠遠小於一秒。

丁肇中把它命名爲「J」粒子，他曾對研究生解釋說：「我們通用字母J來代表電流，而這粒子可以分解爲正負電子，所以就命名爲J粒子。」

不過，仔細一看，「J」和漢字「丁」、「中」字形相近，又是中國人發現的粒子，這「J」字可是大有學問啊！

幾乎在同時，加州史丹佛的直線加速器也傳出「發現新粒子」的消息，由美國科學家里奇特領導的小組發現，里奇特小組把它命名為「ψ粒子」。

這兩個新發現震驚了美國科學界。然而經過比較，科學家們發現J粒子和ψ粒子是同一種粒子。為了紀念兩組人馬的功績，這種新粒子被重新命名為J／ψ粒子。

一九七六年，丁肇中和里奇特由於發現了J／ψ粒子而榮獲諾貝爾物理學獎。

「講講好玩而已」

按照慣例，在諾貝爾獎授獎儀式上，獲獎者必須用本國語言發表演講。丁肇中雖是華裔，但是是美籍，照理說他須用美語發表演講，但他認為自己是中國人的後代，只不過是在美國的土地上出生而已。於是，直到授獎前他都在跟瑞典皇家科學院爭取以中文發表講詞的權利，最後以演講時先講中文，然後用英文複述達成協議。

於是，從一九〇一年第一次頒發諾貝爾獎金以來的四分之三個世紀中，在斯德哥爾摩的諾貝爾獎頒獎大廳裡，丁肇中是第一位在諾貝爾獎頒獎典禮上用中文發表演講的獲獎者。

事後有人問：「博士，你何以要在頒獎典禮上先講中文，再講英文呢？」

丁肇中教授回答：「講講好玩而已。」

身為中國人，在最初遠渡重洋時，身上只有區區一百美金的盤纏，在外國世界嘗盡各種滋味，在這光輝一刻，企望國人可以一同分享榮耀的心情，何足與外人道呢？

找出那滴雨

交通大學在台復校四十五週年的校慶上，頒發名譽博士給丁肇中，他在台上演講時說：「歷史上得過物理獎的人，除了居禮夫人外，很少人在學校裡考第一名，所以，考第一名不是一切。」坐在台下的學生爆出笑聲，並不斷猛點頭。

丁肇中鼓勵年輕人：「科學的進展不是少數服從多數，而是少數人把原有的理論推翻，科學才能前進，科學的眞理是隨著時間改變的。」他本人也一直是抱持著這樣的想法。

丁肇中教學時不喜歡學生修太多課，修課只是讀死書，他希望學生修完學分後，趕快到實驗室裡去工作，光是修課學不到最眞實的物理。他常說：「理論物理學家是笨蛋，你們別去相信他們！」相信理論家的話，那實驗不就都不用做了？不過，事實上，他自己對各種理論絕對是了解透徹。

反觀現今的教育制度，台灣大學的密集度之高在世界罕見，可是教育水準眞的有提升嗎？每個人都可以認出兩種以上的物理理論，但是眞的懂得其中的意涵跟實際效用嗎？這大概就是爲什麼丁肇中強調實作的重要性吧。

目前丁肇中博士正在主持「L3」實驗組，有美國、瑞士、中國、法國、德國、義大利…等十四個國家，共約四十三所大學和研究所的五百八十一位物理學家組成，耗資上億美金，這是迄今世界上最大的高能物理實驗組。同時，丁肇中著手進行一項大膽的研究計劃：要在宇宙空間直接探測「反物質」。

丁肇中時有轟動世界的發現，成就早已超越J粒子時代，然而他的工作態度、對物理的認眞，一直都像他在獲得諾貝爾獎時曾經說過的一段名言：「在雨季的時候，一個像波士頓的城市，也許在一秒鐘之內降落下千萬的雨滴。如果，只要其中的一滴有著不同的顏色，我們就必須找出那一滴雨。」

李遠哲

台灣第一位諾貝爾獎得主

（Yuan-Tseh Lee，一九三六～）

©The Nobel Foundation提供

尋找自己的路

台灣，這個在地球儀上幾乎找不到的小島，竟然也有一位諾貝爾獎得主，一九八六年十二月，李遠哲博士送給國人這份諾貝爾獎振奮大禮。

到底他是怎麼成爲頂尖科學家的呢？

李遠哲在自傳中曾經描寫他因爲看了一本描寫工程師把一個落後地方變成一個進步地方的書，大受感動之下選擇了台大化工系，第二年再轉入化學系。

當時一個化學系學長曾跟他說：「就算你把所有化學系的課都修完，認眞地唸都不能成爲一個科學家。因爲科學日新月異、不斷進步，如果你想成爲一位化學家，不但要認識物質本身的任何學科，而且語文要好。」所以李遠哲當下就下定決心，常和學長、同學一起讀書，分享閱讀心得，學習德文、俄文，又到物理系選課，爲自己的科學之路出征。

沒有人可以預知未來李遠哲會獲得諾貝爾獎，但是如果沒有努力，李遠哲一定不可能獲得諾貝爾獎。

李遠哲曾經運用過的讀書方法應當可以作爲學子的方針，比如組成讀書會、交流心得、學習語言，多方接觸幫助自己觸類旁通，這些都是很基本的功夫。

生平小記

李遠哲於一九三六年十一月二十九日生於台灣新竹，一九六一年在台灣清華大學原子科學研究所獲得碩士學位。一九六五年獲得美國加州大學柏克萊分校博士學位後，加入勞倫斯·柏克萊實驗室，跟布魯士·馬亨教授做博士後研究，一九六七年轉到哈佛大學繼續博士後研究。一九六八年，李遠哲受聘於芝加哥大學，任化學系助理教授，一九七三年升任教授，一九七九年當選美國國家科學院院士，一九八〇年當選爲中央研究院院士，一九八六年獲得諾貝爾獎，一九九四年被聘爲中央研究院院長。

越挫越勇的精神

李遠哲越挫越勇的精神可以從他讀書時的許多經歷看出來。當他在清大原子科學研究所第二年時，李遠哲遇上一位日本教授指導作分析化學，教授的研究是透過放射線同位素的分析來了解地殼轉變的過程。

不過，李遠哲在第一天就得罪了日本教授。因爲李遠哲跟教授做出來的數據不同，他還指出教授實驗所用的器材不正確，讓教授很不高興。

顯然李遠哲的數據才是正確的，因爲後來教授剽竊了李遠哲的資料，並寄到中國化學學會發表。

從這悶虧中，李遠哲只說：「我了解到一點，做教授的應該多聽學生的話。」

李遠哲初到美國加州大學柏克萊分校時，剛開始時指導教授不太理他。教授每次進實驗室都只跟另一位麻省理工學院來的學生談話，談完話就走了。李遠哲想要找老師談論問題，碰了幾次軟釘子之後，他決定自己解決自己的論文，因爲沒有支援，所以自己找資料，自己處理設備問題。

他的能力很快就被眼尖的教授發現，甚至教授後來到實驗室時都只關心李遠哲的進展。

兩年後的一天，教授進實驗室告訴李遠哲：「你可以寫論文拿博士了。」李遠哲覺得很奇怪，後來才知道原來教授下個月就要到英國去了，因此李遠哲到柏克萊分校不到三年就取得博士學位。

拿到博士後，這位教授留李遠哲繼續在他的實驗室裡做研究，當時李遠哲怎麼都無法順利地作出可以測出離子和分子碰撞的軌跡的質譜儀，於是就請工程師教他畫工程圖，自己設計儀器。後來指導教授回來，看到美麗的實驗成果，馬上納爲己有，李遠哲的研究再度遭到盜用。

即使李遠哲生氣再次遇到這些學術上的陋習，但他並不因此喪氣失志，相反地，他更珍惜從當中學習到的經驗，而且老實說，這些人在多年後大概也無顏面對李遠哲吧。

幾乎讓大師昏倒的實驗

李遠哲到芝加哥大學當助教時，他自信自己做實驗的能力已經一流，可是當他知道教授也要自己找經費時，李遠哲很失望，因爲他一直想在一個單純的學術環境裡好好地作研究，所以他凡事盡量自己動手。

有一天，系主任到威斯康辛大學帶回了一份論文，是做分子束頗有成就的伯恩斯坦的弟子十五年來做的成果總結。系主任說：「你能夠做那麼好的儀器嗎？」李遠哲把論文拿回去看之後，只覺好氣又好笑，在他眼中這部儀器根本是個廢物，於是李遠哲花了一個下午做了另一部。

第二天，李遠哲告訴系主任：「我在實驗室中做了一部儀器，這部比論文那部好一百倍。」系主任聽了不問究竟還很生氣。

隔年，伯恩斯坦教授來到芝加哥大學演講，李遠哲把那天下午做的實驗儀器給他看，大師幾乎激動地快昏倒了，他說：「未來的十年，我的計畫就是想做你只花一個下午的實驗成果。」

原本是教授要演講的，結果就讓李遠哲上臺講了這個實驗。

李遠哲自傳裡的這個小故事看來很傳奇，其實這些都是他累積許多年經驗的成果，因為分子束是他最清楚的學問範圍，他當然可以一眼看穿其中的問題；今天如果面對另一個他不了解的領域，即使他是諾貝爾獎得主，他也一樣是個凡人。

諾貝爾獎的刺眼光芒

一九八六年，李遠哲博士與哈佛大學賀西巴克博士（Herschebach）及多倫多大學波利義博士（John Polany）同獲諾貝爾化學獎。

在得諾貝爾獎之前，李遠哲已經榮譽不斷，然而這一錦上添花更再度扭轉李遠哲的命運，除了研究工作，還多了很多外務，到後來甚至在政治、教育界駐足。

李遠哲曾說：「得到諾貝爾獎這件事，對我來說是件『不幸』的事。得獎後，我常常滿身大汗吃完飯就又要去演講，外務很多，到了街上大家都認識我，一大堆記者跟在後頭。我太太對我說：『何苦呢？和學生快快樂樂的在實驗室裡工作不好嗎？每天這麼累，飯也吃不好，乾脆把諾貝爾獎還給他們好了？』」諾貝爾獎眞是一個美麗又沉重的負荷，甚至還是一座將人照得發亮刺眼的舞台探照燈。

崔琦

霍爾城堡裡的科學家

(Daniel Chee Tsui，一九三九～)

©The Nobel Foundation提供

童年的崔琦

「那是個很貧瘠的地方，連年災害戰亂，土地都利用到了極點，我家有四個孩子，我有三個姊姊。那時我只有十二歲，每天負責割草餵牛。父母是貧窮的普通農民。」崔琦說自己的父母是文盲，父親沉默寡言，生氣了就摔東西，有時還打人，但心地很好；而他的母親是極不一樣的農村婦女，執意要讓兒子唸書。

於是，在崔琦十二歲那年，母親堅持把兒子送到香港去。起初父親不同意，他說：「兒子好不容易長到可以下地幹活的年紀，家裡正需要勞動力。」

小小的崔琦也不想離家，畢竟外面的世界是很陌生的，但母親非常堅持。臨行那天，媽媽對崔琦說：「別怕，你放心去讀書，到夏天收莊稼的時候，你就可以回家看娘了，然後再去唸書。」而這一別，竟是生離死別，他一生再也沒見過父母。

人的出身跟前途沒有絕對的關係，環境只是一部分，努力向上的念頭可以突破一切，就像後來去到香港的小崔琦，在生活及求學上表現出堅強的一面，在學校表現出色，在困難的環境亦不喊苦，一路苦讀，才得今日的甜實！

生平小記

崔琦，一九三九年生於中國河南省寶豐縣，家境貧苦，一九五一年，崔琦在母親的堅持下，離開家鄉前往香港投靠三位姊姊。

崔琦到香港後，就讀學費十分昂貴的私立培正中學，但崔琦的優秀成績受到老師們的欣賞，每年都給予崔琦「家境清貧、成績優秀、學費減免」的評語，使得少年崔琦得以順利讀完中學。

一九五八年，十九歲的崔琦取得教會獎學金，隻身橫渡太平洋，前往美國伊利諾依州奧古斯塔納學院就讀。大學畢業後，崔琦進入芝加哥大學深造，獲物理學博士學位。

一九六八年，崔琦被有「諾貝爾獎的搖籃」之稱的美國貝爾實驗室錄取，從事研究工作。

一九八二年時，崔琦正是在這裡和施默特發現了「分數量子霍爾效應」。二月，在發現分數量子霍爾效應後不久，崔琦轉往普林斯頓大學，擔任該校電子工程系教授至今。

霍爾效應的城堡

一九九八年，瑞典皇家學院頒發諾貝爾物理獎給普林斯頓大學的崔琦、哥倫比亞大學的史托馬（Stormer）和史丹佛大學的拉福林（Laughlin），表揚他們在「分數量子霍爾效應」上的貢獻時，形容他們「彷彿在冰風暴中，測到了個別冰雹的聲音」。

這冰風暴當然是形容「霍爾效應」，一八七九年的美國霍普金斯大學的研究生艾德恩．霍爾發現了「當磁場垂直作用在通過電流的薄金屬板上時，就會在與板和磁場垂直的方向上產生電壓，該電壓與施加的磁場強度成正比。」實際上的理論對一般大眾來說相當陌生而又艱深的，所以這裡不多著墨介紹。

但是崔琦他們突破尋常的規律，以極端環境來做實驗，製造一些很低溫度的環境或很強的磁場來實驗大量電子的情況，結果發現可以形成一種全新的量子流體，並且具有一些特殊的性質。

這個發現在科學及歷史上的評價相當高，實際上，過去人們認爲帶電粒子所帶的電荷是整數的，但是崔琦他們則證明：在低溫和強磁場的狀態下，粒子所帶的電荷有可能是分數。

有專家認爲，這一發現在未來有可能應用在大幅度縮小電腦晶片的大小形狀上。而縮小晶片直接受益的當然還是使用各種電子儀器的人們，例如電腦、電視、手機、精密的醫療儀器等等。

雖然現在電腦、電視、手機，多機一體已經不是新聞，可是說不定到了未來這些東西都可以小到植入人的體內，人的大腦直接跟電腦、網路連結，甚至連接到衛星，再想像下去，說不定電影中的魔幻情節都可以實現了。

除了電子類的產品，崔琦的研究成果還可以幫助了解宇宙時空中眞空的量子結構，因此在宇宙學的地位亦相當重要。

走在科學前端的電腦文盲

崔琦除了認眞研究，已發表論文數百篇以外，還非常熱心推動科學研究發展，他擔任美國國家科學院院士、台灣中央研究院院士，也是電機及電子工程師學會、美國物理學會與美國科學促進協會的資深會員。

但是，走在科技前端的崔琦說：「我不會用電腦。」

這眞是驚人之語，他表示因爲電腦發展太快了，來不及學，因此乾脆不學。他說自己連發電子信件都不會，他的所有研究成果都是一筆一劃的成果，讓人難以置信吧。

反觀現今的社會，電腦是全民運動，很多人失去電腦、失去網路，就好像折斷了雙翼，人們已經太依賴電腦這樣超級工具了。很多小孩兩三歲就會開機打電玩，學校也要求學生的作業必須以電腦完成，電腦的統計運算、檔案編輯能力已經是一項最基本的技能，從前的人「三日不讀書，便覺面目可憎」；現代的人則是「一日無網路，便覺長日漫漫」。

數年前的崔琦是電腦文盲，或許有秘書可以幫忙處理公務，這幾年電腦網路的功能大大提升，不知現在的他會不會還是數位文盲？是否也因爲網際網路的發達而須去接觸電腦？

心懷感激，不必當真

崔琦在獲獎當天召開記者會，面對同事、學生還有記者，崔琦平靜地說：「你們不必把這事太當眞。」

有人問這話怎講，他回答說：「得到這個獎我很榮幸，也很高興。我認爲自己的工作得到了肯定。但這並不是最重要的。我研究物理幾十年，也從未把獲獎當做自己的奮鬥目標。」

於是，又有人問：「既然如此，你爲何又冒著生命危險去斯德哥爾摩領獎呢？」當時六十歲的崔琦患有嚴重的心律不整，醫生認爲長途飛行會危及他的生命。

崔琦緩緩地回答：「怎麼說呢？……我只是想那是表達自己感激的唯一恰當的方式。社會給了你一份殊榮，你應當表示感激。」由於心臟病的因素，他的聲調總是平緩的，音量很小。

謙和、溫文儒雅是許多人對崔琦的感覺，他在榮譽中處之泰然，也對社會頒發給他的榮譽欣然接受，這是中國人的「道」，也是他「信、望、愛」的宗教，崔琦是個對社會有愛的虔誠教徒，他說：「如果只為一日三餐，並不需要搞研究工作，從事簡單的體力勞動便可達到目的。做學問可不是為了錢，而是為了能對別人有用。」

©The Nobel Foundation提供

追求慢動作的光學原子科學家 朱棣文

（Steven Chu，一九四八～）

科學家的感性

在台灣的一場記者會上，曾經有人問朱棣文：「身爲一個科學家，對愛情抱持怎樣的看法？」

朱棣文感懷地說：「我認爲愛情是一件好事。一般人認爲科學家除了有一個老婆之外，至少還有一個情婦，那就是科學；或者是把科學當做老婆，把太太當做情婦，反正都一樣，我也不清楚。但是即使如此，生而爲人，人與人之間的關係是很值得珍惜的，經歷過了一切，到了年老髮白的時候，你回首往日，想起過去與人交往的點點滴滴，或許這是最值得回味的一件事了，所以我認爲愛是最值得的。」

當記者又問到：「請問得到諾貝爾獎，對您的生活有怎樣的影響呢？」

朱棣文表現出幽默本色：「過去我接到很多邀請，但都是應邀出席科學會議談我的研究，但現在我則是應邀談我的幼年生活。」

朱棣文也說：「我最大的遺憾是我不會說中文，但是我非常高興自己是一個百分之百的中國人，有中國人的血統，中國人的基因，以身爲中國人爲榮！」

生平小記

西元一九四八年二月二十八日朱棣文於美國聖路易市出生，父母親都是中國大陸出色的海外留學生。

朱棣文於一九七〇年獲得美國羅徹斯特大學數學和物理學士；一九七六年取得加州大學柏克萊分校物理學博士；一九七六至一九七八年加州大學柏克萊分校博士後研究；一九七八至八三年任電磁現象研究貝爾實驗室研究人員後升爲貝爾實驗室量子電子學研究部主任；一九八七年起擔任史丹福大學物理和應用物理學系教授，並於一九九〇年擔任系主任；一九九四年當選台灣中研院院士。

華裔物理學家朱棣文博士的學經歷豐富，研究範圍主要集中於原子物理學、量子電子學、聚合物和生物物理學的領域。

一九九七年，以「雷射冷卻捕捉原子法」，爲華人獲得第三座諾貝爾物理獎。

我還是我

一九九七年十二月十日，在瑞典皇家科學院的諾貝爾獎頒獎典禮上，華裔的美國史丹福大學物理系教授朱棣文，因爲在雷射至冷以捕捉原子的研究上獲得突破性的成果，獲頒諾貝爾物理獎，成爲繼楊振寧、李政道、丁肇中和李遠哲之後，第五位獲得諾貝爾獎的中國人。

「朱教授，唐諾吉教授，以及菲力浦博士，你們獲頒今年的諾貝爾物理獎，由於你們在超低溫冷卻及捕捉原子的研究上所做的重大貢獻，這項成就將對控制及研究原子開啓新的紀元。」諾貝爾頒獎典禮上主持人如此說著。

頒獎典禮之前，這位年僅四十九歲的諾貝爾物理獎得主，站在史丹福大學的講台上，捲起襯衫的袖口，用他一貫誠懇的語調告訴大家：「我並不是一個偉大的物理學家，我還是我，就跟昨天一樣。」而他的母親在接受採訪時，也都謙虛地表示，朱棣文和平常人一樣，從小到大並無特殊之處，家庭教育就是一般的中國家庭，沒什麼特別。

朱棣文說：「如果眞要說有什麼改變，大概就是學生比較尊敬我一點而已吧。」

光學蜜糖實驗

「雷射冷卻捕捉原子法」有個可愛的別稱，叫做「光學蜜糖實驗」。是一種以雷射冷卻捕捉原子的方法，實驗中利用數道雷射光束架成一種光學陷阱，把運動速度如同噴射機一樣快的原子或分子黏住，讓快速移動的原子慢下來，以便進行捕捉和研究。

李遠哲曾說：「朱棣文在柏克萊當研究生的時候，我就見過他，那個時候很多教授都提到，他將來會是個很有成就的科學家，以後雖然我們見面不多，但是我一直知道他在做什麼，在一些會議裡面也看到他。有趣的是，很多人都追求快，快速的，越來越快，加速器越來越快，他打網球也是，發球想發得很快很快，但是他的研究是要把一個原子慢下來。」

原來，在室溫之下，原子是以高達每小時四千公里的速度朝著各種不同的方向移動，而朱棣文的方法，就是利用雷射來冷卻原子，以降低原子移動的速度，當原子的速度慢下來時，科學家就可以開始控制這些原子。

可以用雷射光捕捉原子，可以隨意移動它們、拋擲它們，它們可以上升，然後轉彎再下降回到原位，卻不會撞到容器的外壁，所以最後操縱這些原子就像有魔法一般。而朱棣文發展出的雷射冷卻的技術，可以將原子的移動速度減緩到每秒鐘一公分，在這種速度之下，科學家就可以盡情的「把玩」原子。

無處遁逃的原子

一旦能夠操縱和控制原子，科學家就能夠測量出很精確的基本常素，從而可以製造出很精密的電子元件和儀器，例如加速器、陀螺儀或是原子鐘。以這項技術製造原子鐘，所得的準確度超過任何其他的原子鐘，重要的是這項技術可以應用到許多方面，這項技術在高能物理、量子物理和原子物理上的應用，可能它的準確性會比任何其他的技術高出十到二十倍。

朱隸文表示，雷射冷卻技術可以運用在衛星導航系統上，近年也意外發現，這項技術可以抓住運動中的細菌，可看到連光學儀器也看不到的病毒，還可以拉長DNA分子，以精確解讀其上所載的遺傳密碼，是研究DNA和聚合酶鏈機械性質的好工具，這項發現對醫學研究在未來可望獲得突破性的進展。如此，科學家便可徹底看清過去無法掌握的分子或原子微觀世界。

朱棣文不斷公布他的最新研究成果：「我們現在已經可以將原子的速度降至每秒一公分，更可以測量粒子加速變化精確至每秒十億分之一公分。未來將致力於生物物理及原子物理的研究，發展光學鑷子、原子干涉儀等技術。」

未來展望——尋找新能源

朱棣文於二〇〇四年八月正式接任勞倫斯柏克萊國家實驗室（Lawrence Berkeley National Laboratory，LBNL）第六任主任一職，這個執行多項自然科學領域的大型研究計畫的實驗室至今已經培育出多位諾貝爾獎得主，管理分配高達五億多美元的年度研究經費與四千名工作人員，朱棣文爲美國能源部下屬各國家實驗室中第一位華裔高階主管。

朱隸文所領導的實驗室正在研究白蟻和牠胃部內微生物間的關係，因爲白蟻除了可以製造出本身所需的能量外，還有多餘能量提供給體內的微生物，微生物爲白蟻將纖維素變成能量，因此這兩者形成非常重要的共生關係，朱隸文希望能從中研究製造出新一代微生物，尋找新能源，解決人類即將面臨的能源危機。

國家圖書館出版品預行編目資料

影響世界的重要科學家／謝怡慧著.
── 初版. ──臺中市 ：好讀, 2005[民94]
面： 公分，──（人物誌；20）

ISBN 957-455-943-2（平裝）

309.8 94019129

人物誌 20

影響世界的重要科學家

作 者／謝怡慧
總 編 輯／鄧茵茵
文字編輯／朱慧蒨
美術編輯／李靜佩
發 行 所／好讀出版有限公司
台中市407西屯區何厝里19鄰大有街13號
TEL:04-23157795 FAX:04-23144188
http://howdo.morningstar.com.tw
e-mail:howdo@morningstar.com.tw
法律顧問／甘龍強律師
印製／知文企業（股）公司 TEL:04-23581803
初版／西元2005年11月15日

總經銷／知己圖書股份有限公司
http://www.morningstar.com.tw
e-mail:service@morningstar.com.tw
郵政劃撥：15060393
台北公司：台北市106羅斯福路二段95號4樓之3
TEL:02-23672044 FAX:02-23635741
台中公司：台中市407工業區30路1號
TEL:04-23595819 FAX:04-23597123

定價：250元
特價：169元

Published by How Do Publishing Co.LTD.
2005 Printed in Taiwan
ISBN 957-455-943-2

讀者迴響

書名：影響世界的重要科學家

1. 姓名：＿＿＿＿＿＿＿　□♀　□♂　出生：＿＿年＿＿月＿＿日
2. 我的專線：（H）＿＿＿＿＿＿＿　（O）＿＿＿＿＿＿＿
   FAX ＿＿＿＿＿＿＿　E-mail ＿＿＿＿＿＿＿
3. 住址：□□□＿＿＿＿＿＿＿＿＿＿＿＿＿＿＿＿
4. 職業：
   □學生　□資訊業　□製造業　□服務業　□金融業　□老師
   □SOHO族　□自由業　□家庭主婦　□文化傳播業　□其他＿＿＿＿
5. 何處發現這本書：
   □書局　□報章雜誌　□廣播　□書展　□朋友介紹　□其他＿＿＿＿
6. 我喜歡它的：
   □內容　□封面　□題材　□價格　□其他＿＿＿＿＿＿＿
7. 我的閱讀嗜好：
   □哲學　□心理學　□宗教　□自然生態　□流行趨勢　□醫療保健
   □財經管理　□史地　□傳記　□文學　□散文　□小說　□原住民
   □童書　□休閒旅遊　□其他
8. 我怎麼愛上這一本書：
   ＿＿＿＿＿＿＿＿＿＿＿＿＿＿＿＿＿＿＿＿＿＿＿＿
   ＿＿＿＿＿＿＿＿＿＿＿＿＿＿＿＿＿＿＿＿＿＿＿＿
   ＿＿＿＿＿＿＿＿＿＿＿＿＿＿＿＿＿＿＿＿＿＿＿＿

★寄回本回函卡，

將可收到晨星出版集團最新書訊（電子報）及相關優惠活動訊息。

『輕鬆好讀，智慧經典』

有各位的支持，我們才能走出這條偉大的道路。

好讀出版有限公司編輯部　謝謝您！

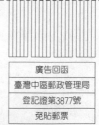